企业生产安全事故形成机理及预警管理研究

张吉军 著

科学出版社

北京

内 容 简 介

本书从企业生产安全事故的成因、形成的基本过程、发生的基本原理、致因关键因素的提取与结构分析、致因机理突变模型的构建与分析等方面揭示了企业生产安全事故形成与演化的机理。根据企业生产安全事故预警管理的过程，依次对企业生产安全事故的预警监测技术与方法、诱因分析技术与方法、预测技术与方法、预警评价技术与方法，以及预防与控制对策进行了研究。在此基础上，构建了企业生产安全事故预警管理系统，介绍了企业生产安全事故预警管理系统的构建思路与原则、功能与结构、工作内容与运行模式。

本书可作为高等院校安全工程类专业本科生、研究生学习相关课程的参考书，也可作为企业安全管理人员、技术人员和现场操作人员进一步提高安全管理水平的参考书。

图书在版编目(CIP)数据

企业生产安全事故形成机理及预警管理研究 / 张吉军著. —北京：科学出版社， 2020.10 (2023.8 重印)
ISBN 978-7-03-065010-8

Ⅰ.①企⋯ Ⅱ.①张⋯ Ⅲ.①企业安全–安全事故–事故分析 ②企业安全–安全管理–研究 Ⅳ.①X931

中国版本图书馆 CIP 数据核字 (2020) 第 076403 号

责任编辑：莫永国 陈 杰/责任校对：彭 映
责任印制：罗 科/封面设计：墨创文化

科 学 出 版 社 出版
北京东黄城根北街16 号
邮政编码：100717
http://www.sciencep.com

成都锦瑞印刷有限责任公司印刷
科学出版社发行 各地新华书店经销

*

2020 年 10 月第 一 版 开本：787×1092 1/16
2023 年 8 月第二次印刷 印张：10 1/2
字数：249 000
定价：99.00 元
(如有印装质量问题，我社负责调换)

目　　录

第1章 企业生产安全事故形成机理及预警管理研究进展

1.1 事故形成机理研究进展

事故形成机理是指引发事故的诸因素的内在工作方式及其在一定环境下相互联系、相互作用的运行规则和原理。事故形成机理研究涉及事故致因及致因过程分析、事故致因关键因素的提取及量化分析和事故形成的演化过程分析 3 个主要方面。

1.1.1 事故致因及致因过程分析研究进展

阐明事故为什么会发生、怎样发生，以及如何防止事故形成的理论被称为事故致因理论。事故致因理论是一定生产力发展水平的产物，自 20 世纪初以来，已提出了多种事故致因理论。国外比较著名的事故致因理论有：

(1) 事故频发倾向理论(Greenword and Woods，1919；Newbold，1927；Farmer and Chambers，1939)，该理论认为在企业工人中存在着个别人容易发生事故的、稳定的、个人的内在倾向，事故频发倾向者的存在是工业事故发生的主要原因；

(2) 事故遭遇倾向理论，该理论认为在企业工人中某些人在某些生产作业条件下存在着容易发生事故的倾向，事故的发生不仅与个人的因素有关，而且还与生产的作业条件有关，为此，明兹(A.Mintz)和布卢姆(M.L.Bloom)建议用事故遭遇倾向理论取代事故频发倾向理论的概念；

(3) 事故因果连锁理论(Heinrich，1931；Bird，1974；Adams，1982)，该理论认为事故的发生不是一个孤立的事件，而是一系列具有因果关系的原因事件相继作用与发生的结果；

(4) 能量意外转移理论，该理论认为在生产、生活中，人们为了使能量按照人们的意图产生、转换和做功，通过各种控制措施来控制能量使其按照人们事先设计的能量流动通道传输，一旦控制能量流动的措施失效或被破坏，造成能量的意外释放，便可能产生事故，因此预防事故就是要防止能量和危险物质的意外释放；

(5) 轨迹交叉理论，该理论认为在事故的发展过程中，人的因素的运动轨迹与物的因素的运动轨迹的交叉点就是事故形成的时间和空间；

(6) 基于人体信息处理的人失误事故理论，该理论的基本观点是人失误会导致事故，而人失误的发生是由于人对外界刺激(信息)的反应失误造成的，包括威格里斯沃思模型(Wigglesworth，1972)、瑟利模型(Surry，1969)等；

(7) 动态变化理论，该理论认为针对客观世界的变化，安全工作要适应管理、人员、设备、环境的变化，才能够防止事故的发生，包括扰动起源论(Benner，1972)、变化-失误理论(Johnson，1975)、作用-变化与作用连锁模型(佐藤吉信，1981)等；

(8) 心理动力理论，该理论认为事故是一种无意的希望或愿望的结果，这种希望或愿望是通过事故象征性地得到满足。

我国学者从 20 世纪末开始研究事故致因理论。钱新明和陈宝智(1995)运用突变理论分析了伤亡事故的致因过程，指出伤亡事故是由人、物两个控制参数和系统功能这个状态参数组成的系统的状态参数的突跳，这种突跳的幅度决定事故的规模。陈宝智(1996)根据危险源在事故发生、发展中的作用不同，把系统中存在的、可能发生意外释放的能量或危险物质称作第一类危险源，把导致约束、限制能量措施失效或破坏的各种不安全因素称作第二类危险源，提出两类危险源理论。该理论认为事故的发生是两类危险源共同起作用的结果，第一类危险源的存在是事故发生的前提条件，第二类危险源的出现是第一类危险源导致事故的必要条件，在事故的发生、发展过程中，两类危险源相互依存、相辅相成(胡才修和陈忠宝，2005)。何学秋(1998)在对事物发展过程中的安全与危险的矛盾运动过程分析的基础上，提出了安全科学的"安全流变与突变论"，该理论把事物从危险状态到事故状态的质变过程称为安全突变，把事物的损伤量随时间变化的量变过程称为安全流变，认为一个事物从诞生到消亡是一个"安全流变与突变"的过程，物质世界就是在安全到危险的无限循环中存在和发展的。田水承和李红霞(2005)把不符合安全的组织因素(如组织程序、组织文化、规则、制度等)称为第三类危险源，并运用现代安全科学及事故致因理论，探讨了三类危险源之间的关系及其事故致因机理模型，提出了三类危险源理论。国汉君(2005)根据事故致因的性质和作用，从人、机、环角度，把系统的不安全因素分为危险源(内部因素)和触发因子(外部因素)，提出了内外因事故致因理论，认为事故的发生不是单一因素造成的，而是危险源被偶然事件触发的结果。不同的事故致因理论基于不同的安全理念，分别从不同的角度研究了事故产生的原因及其与事故的因果关系，从宏观的角度对事故的致因要素和过程进行了阐述，但并没有完整地反映事故形成的机理。

1.1.2　事故致因关键因素的提取及量化分析研究进展

事故致因关键因素的提取及量化分析是定量分析事故形成机理的基础。事故的发生是众多因素相互作用的结果，要定量分析事故的形成机理，就必须从导致事故的众多因素中提取关键因素，并将其定量化，才能有效地分析导致事故的各因素之间的定量作用关系，从而揭示事故形成过程的发展规律，为事故的预防和控制提供指导。目前，关于事故致因关键因素的确定已提出多种方法，比如，冯治斌(2003)通过事故树分析法计算导致矿井水灾事故各基本因素的结构重要度，根据结构重要度的大小确定矿井水灾事故的关键因素等；赵林度和程婷(2008)运用决策树法对城市应急管理过程中各种危害因素进行分析，确定每一种危害发生的可能性及其严重程度，寻找显著性危害因素，从而确定城市应急管理过程中的关键控制点；兰建义等(2015)以煤矿事故形成次数和死亡人数作为灰色关联分析的系统特征，运用灰色关联分析法分析煤矿事故致因的各因素数列与煤矿事故形成次数数列和死亡人数数列的灰色关联度，根据灰色关联度的大小，确定煤矿事故致因的关键因素；高扬等(2015)运用模糊层次分析法对民航客机人因防错设计因素指标进行权重计算，并根据权重的大小确定影响民航客机飞行安全的人因防错设计关键因素；张国宝和汪伟忠(2017)从感知、决策、计划和执行4 个过程分析铁路行车人因事故的影响因素，综合运用信息熵和 DEMATEL 法构建关键因素量化识别模型，提出了一种基于信息熵和 DEMATEL 法耦合的铁路行车人因事故关键因素实证分析方法；王志刚(2018)在统计分析铁路信号电源事故，梳理导致信号电源事故的致因因素的基础上，应用社会网络分析法(social network analysis，SNA)研究致因因素的关联性，给出了一种识别引起信号电源事故的关键因素的方法；苏磊(2019)以财产损失事故和人员伤亡事故为分类结果，构建支持向量机二分类模型，运用数据挖掘中特征选择的思想，给出了一种确定影响危险品道路运输事故严重程度的关键影响因素的新方法；张宁和盛武(2019)从人、机、环、管 4 个方面选取诱发煤矿瓦斯爆炸事故的因素，构建煤矿瓦斯爆炸致因贝叶斯网络模型，通过贝叶斯网络参数学习、敏感性分析等对模型中各节点变量进行分析，计算不同条件下相关节点的条件概率分布和后验概率，给出了一种提取诱发煤矿瓦斯爆炸事故的关键因素的方法。现有的关于事故致因关键因素的确定方法的共同特点是仅仅考虑了事故致因因素的重要性(影响程度)，没有考虑因素间的相互影响。事实上，事故的致因因素是相互影响的，通过因素间的相互影响，事故致因因素导致事故形成的作用可能放大，也可能缩小，因此只考虑对事故本身的影响，而不考虑事故致因因素间的相互影响的确定事故致因关键因素的方法是不够科学、不够完整的。

1.1.3　事故形成的演化过程分析研究进展

事故的形成是一个非线性的安全流变-突变过程(何学秋，1998)，事故形成前事物的损伤处于量变的积累过程(流变)，当事物的损伤积累到一定的程度就会发生事故(突变)，伴随这一过程事物的安全状态的连续变化发生突跳。事故形成的演化分析就要分析事物的安全状态为什么会发生突变，以及怎样发生突变。20 世纪 60 年代中期法国数学家勒内·托姆(Rene Thom)创立的突变论，主要研究动态系统在连续发展过程中出现的突变现象，用以解释突然变化与连续变化因素之间的关系。事故的发生是一种突变现象，因此近年来不同学科的学者尝试将突变论应用于事故形成机理的演化分析工作中，比如城域突发事故(湛孔星和陈国华，2010)、非常规突发灾害事故(李健行等，2014)、煤矿瓦斯爆炸事故(李润求等，2008)、电气事故(吴兵和张庆国，2004)、交通事故(龙琼等，2015)等的演化分析。但这方面的研究目前还基本上处于理论探索阶段，仅仅针对突变模型的特征描述事故的可能机理，并没有提出实际事故机理的量化分析模型。

1.2　生产安全事故预警管理研究进展

生产安全事故预警管理是为了预防和降低生产安全事故造成的危害，以生产安全事故的发生、变化规律和观测到的前兆信息、数据为依据，采用现代技术和方法，对生产安全事故的诱发因素进行监测、识别、诊断，并预报危险状态、提出预防对策和措施的工作过程。生产安全事故预警包括生产安全事故风险辨识、生产安全事故风险评价和生产安全事故风险预警 3 个主要阶段。

1.2.1　重大危险源辨识

重大危险源是长期地或临时地生产、加工、使用或储存危险化学品，且危险化学品的数量等于或超过临界量的单元(包括场所和设施)。20 世纪 70 年代以来，各国开始制定管理和控制重大危险源的相关标准、法律和法规。英国是世界上最早对重大危险源进行系统研究的国家。1974 年，英国发生了严重的弗利克斯爆炸事故，促使英国安全与卫生委员会设立了重大危险源咨询委员会(Advisory Committee on Major Hazards，ACMH)，负责研究重大危险源的辨识、评价技术，该咨询委员会分别于 1976 年、1979 年和 1984 年提交了 3 份重大危险源控制技术研究报告。1982 年和 1984 年，英国政府先后颁布了《关于报告处理危害物质设施的报告规程》和《重大工业事故控制规程》。

1976 年，意大利北部塞韦索地区一化工厂发生毒性致癌物质的泄漏事故，危害十分严重，促使欧共体在 1982 年颁布了《特定工业活动中重大事故灾害指令》(82/501/EEC)，即《塞韦索指令》，要求欧共体成员国、行政监督部门和企业等承担在重大事故控制方面的责任和义务。随着经济的快速发展和工业化进程的加快，危险物质类事故对环境和人类造成的危害愈发严重，欧盟需要全新的立法来应对该类事故。因此，欧盟于 1996 年颁布了《有关危险物质的重大事故灾害的控制指令》(96/82/EC)，也就是《塞韦索Ⅱ指令》。与《塞韦索指令》相比，该指令修改和扩大了适用范围，对安全管理制度、应急预案、土地使用规划和成员国进行检查需遵从的规定均增加了新要求，并明确了"危险""重大事故""风险"等名词的定义，强调重大事故的控制要通过法律制度实现(柯兰海，2004)。

国际劳工组织(International Labour Organization，ILO)分别于 1988 年和 1992 年出版了《重大危险源控制手册》和《预防重大工业事故实施细则》。与此同时，在 ILO 的支持下，亚太地区国家如印度、泰国、巴基斯坦等国家相继建立了国家重大危险源辨识标准。澳大利亚国家职业安全卫生委员会于 1996 年 9 月颁布了国家标准《重大危险源控制》，并于 2001 年 7 月 25 日批准发布了重大危险源的第一个年度公告，以后每年定期发布澳大利亚重大危险源控制方面的公告(董继红，2004)。

我国对重大危险源的研究起步于 20 世纪 80 年代末，"重大危险源评价和宏观控制技术研究"被列入国家"八五"科技攻关项目。1997 年原劳动部在北京、天津、上海、青岛、成都、深圳 6 大城市进行了重大危险源普查试点工作。在此基础上，国家经济贸易委员会安全科学技术研究中心参考国外标准，并结合我国工业生产的特点，于 2000 年颁布了《重大危险源辨识》(GB18218—2000)，该标准给出了 4 类物质的临界量，并将重大危险源分为生产场所重大危险源和贮存场所重大危险源。2006 年，《重大危险源辨识指标体系、监测与监控网络化技术》被列为"十一五"安全生产科技发展规划重点项目，全国各省(市)积极研发重大危险源监控技术(吴宗之和高进东，2001)。随着我国重大危险源辨识工作的进一步发展，为了与国际标准接轨，以及重大危险源辨识工作的科学化、标准化和规范化，国家安全生产监督管理总局对《重大危险源辨识》(GB18218—2000)进行了修订，于 2009 年 3 月 31 日颁布了《危险化学品重大危险源辨识》(GB18218—2009)，使重大危险源的辨识目标更加明确；国家标准化管理委员会于 2012 年 5 月 11 日发布了《危险货物品名表》；国家安全生产监督管理总局等十部门发布了 2015 年第 5 号公告《危险化学品目录(2015 版)》。

近年来，随着对重大危险源辨识标准与控制工作的推进，我国学者对重大危险源辨识标准、评价与监控工作进行了一系列的有益探索。吴宗之(1995)、高进东等(1999)、高中华和龚润军(2007)、刘骥等(2008)、杨振林和王泽军(2008)、王慧和王保民(2007)等对重大危险源辨识标准从不同的角度提出了有益的建议，对推进我国重大危险源辨识标准的建立工作起到了积极的推动作用。吴宗之(1997)、张甫仁等(2001)、徐尚仲等(2007)、王成武(2006)、杨文亮(2012)、彭士涛等(2012)、张鹏(2014)等对重大危险源的评价方法和技术进行了研究。许大中和周家铭(2003)、李剑峰(2003)、林香民和李剑峰(2003)、唐敏康等(2004)、张安元(2004)、陈科荣(2008)、刘永成(2010)、方旭慧(2012)、彭慧慧等(2014)对重大危险源的监控技术和方法进行了研究，对推动我国重大危险源监控技术与方法的发展起了一定的推动作用。

随着一系列有关重大危险源的法律、法规和标准的颁布，以及重大危险源辨识、评价、监控技术和方法的发展，我国重大危险源管理工作日趋完善，为企业生产安全管理奠定了基础。

1.2.2　生产安全事故风险评价研究进展

生产安全事故风险评价是运用安全系统工程的原理和方法，对生产系统中发生事故的可能性及其危害程度进行评价，以寻求最低事故率、最小损失和最优的安全投资效益，为制定预警措施提供科学依据。

风险评价技术于 20 世纪 30 年代随着保险业的发展需要而逐渐发展起来，第二次世界大战后，随着工业过程日趋大型化和复杂化，尤其是化学工业的发展，生产中的火灾、爆炸、有毒气体扩散等重大恶性事故的不断发生，事故预防和安全管理日益受到广泛重视，促进了风险评价技术的快速发展，相继提出了一系列风险评价方法。按风险评价方法的特征不同，可将风险评价方法分为定性风险评价方法、定量风险评价方法和综合风险评价方法。定性风险评价方法是根据经验和直观判断能力对生产工艺、设备、人员、环境和管理等方面的状况进行定性分析的一类风险评价方法，包括安全检查法(safety review，SR)、安全检查表分析法(safety checklist analysis，SCA)、专家现场询问观察法、预先危险性分析法(preliminary hazard analysis，PHA)、作业条件危险性评价法(job risk analysis，JRA)、危险与可操作性研究法(hazard and operability study，HAZOP)以及故障类型和影响分析法(failure mode effects analysis，FMEA)等方法。这类方法易于理解、便于掌握，评价过程简单，但依靠经验判断，评价结果有时因参与评价人员的经验和经历不同而存在相当大的差异，带有一定的主观性和局限性。定量风险评价方法是通过对大量的试验结果和广泛的事故统计资料进行分析，得到表征生产系统安全状态的指标和规律(数学模型)，进而对生产系统的工艺、设备、设施、环境、人员和管理等方面的安全状态进行定量分析与计算的一类风险评价方法。按定量风险评价结果的类别不同，定量风险评价又可分为概率风险评价法、伤害（或破坏）范围评价法和危险指数评价法。常用的概率风险评价法包括：故障类型及影响分析法、事故树分析法（fault tree analysis，FTA）、事件树分析法（event tree analysis，ETA）和马尔可夫模型分析法等；常用的伤害（或破坏）范围分析法有液体泄漏模型、气体泄漏模型、气体绝热扩散模型、爆炸冲击波超压伤害模型、蒸汽云爆炸超压破坏模型、毒物泄漏扩散模型等；常用的危险指数评价法有道化学公司火灾、爆炸危险指数评价法、爆炸危险评价法、蒙德火灾爆炸毒性指数评价法、危险度评价法等。综合风险评价法是综合考虑多种风险的一类风险评价方法，该方法包括层次分析法、模糊综合评价法和安全投资效益评价法等。

我国关于风险评价的系统研究起步于 20 世纪 80 年代。1988 年，原机械电子工业部颁布了《机械工厂安全性评价标准》，该标准包括工厂危险程度分级和机械工厂安全性评价两个方面的内容。1990 年，中国石油化工总公司制定了《石油化工企业安全评价实施办法》。随后，有关部门陆续颁布了《医药工业企业安全性评价通则》《航空航天工业工厂安全性评价规程》《石化企业安全性综合评价办法》《电子企业安全性评价标准》《兵器工业机械工厂安全性评价方法和标准》等。1991 年，国家"八五"科技攻关课题中将危险评价方法研究列为重点攻关项目，而后由原劳动部劳动保护科学研究所等单位完成的"易燃、易爆、有毒重大危险源辨识、评价技术研究"将重大危险源评价分为固有危险性评价和现实危险性评价两个方面，该项成果标志着我国安全评价研究从定性评价进入定量评价（彭慧慧等，2014）。近年来，我国学者一方面加强对国外各种风险评价方法的比较、分析，明确每种方法的适用条件，并将它们应用到石油、化工、煤炭、冶金等行业的安全管理工作中，取得了一定的效果；另一方面，将风险评价与模糊数学、灰色理论、人工神经网络、粗糙集理论、集对分析等理论与方法相结合，提出基于模糊推理、灰色理论、人工神经网络分析、粗糙集理论、集对分析、系统聚类分析等多种风险评价方法（骆吉庆等，2016；潘婧和蒋军成，2010；王起全，2010；郑霞忠等，2011；李聪等，2013；陈伟等，2016），对推动我国风险评价、安全管理工作起了非常重要的作用。

1.2.3　生产安全事故风险预警研究进展

预警最早起源于军事领域中，二战后美国率先将预警理论应用于宏观经济预警，如美国的经济统计学家穆尔和希斯金于 20 世纪五六十年代分别提出的扩散指数法和合成指数法等（丁宝成，2010）。国外关于预警管理模型的研究比较深入，其中比较著名的预警管理模型有 Engle 提出的自回归条件异方差模型（即 ARCH 模型）（王慧敏，1998）、Fitzpatrick（1932）开创的单量预警方法、Altman（1968）创立的多元变量判定模型（即 Z 分数模型）等。宏观经济预警领域中的这些常用的预警方法对我国企业生产安全事故预警的研究有很大的借鉴作用。

我国企业生产安全事故风险预警的研究起步较晚，目前的研究重点主要集中在航空企业、石油石化企业、电力生产企业、煤炭企业、建筑企业和交通运输企业等事故高发的领域。罗帆(2004)对航空灾害成因机理、航空灾害预警系统的原理、航空灾害预警系统的运行、航空灾害预警系统的技术方法进行了较系统的分析和研究，初步构建起了航空灾害预警系统。秦卿等(2007)将信息技术应用于化工企业生产安全事故应急预警信息平台建设，实现了安全动态管理与静态管理的完美结合。郭晓鸣(2013)利用模糊分析法计算电力设备在各种复杂灾害环境影响下的相对故障率，在此基础上给出了电力系统预警的功能架构、预警流程和预警实现方法。胡冬红(2010)分析了煤矿安全事故的成因，建立了煤矿安全预警指标体系，给出了煤矿安全预警的模糊综合评价法，初步构建了煤矿安全预警管理系统，对煤矿企业是一个很好的借鉴。夏英志和张会远(2007)建立了建筑安全事故的灰色预测模型，这对建筑企业建立事故预警系统有重要参考意义。王杰等(2008)提出了基于分层模糊推理的石油钻井事故预警方法，并进行了预警系统开发。周蓉(2008)对预警体系的功效、预警体系的构建原则、预警的程序、风险预警分析模型和预警体系结构进行了探讨，初步构建了企业事故风险预警的框架。袁晓芳等(2011)综合应用突变级数法和三角模糊数给出了工业事故的突变预警方法。任泰明和周晓康(2011)综合运用层次分析法、模糊综合评价法和 T 标准分模型建立了化工企业的事故风险预警模型。目前预警研究存在的主要问题表现在：一是集中于预警指标处理方法的研究而忽视了对原理的深入研究；二是对预警模型的检验和预警系统的评价研究得不够深入，忽视了对警源的全面分析。

第 2 章　企业生产安全事故及其成因分析

2.1　安全与事故

2.1.1　安全的概念、属性及特征

1. 安全的概念

随着安全管理的理论研究和应用研究向纵深发展，人们对安全概念的理解更加深入、认识更加全面，但至今对安全还没有一个统一的、公认的定义。综合分析安全的各种定义，不难发现目前人们对安全概念的理解可以分两大类，一类是绝对的安全观，认为安全就是没有事故、没有危险；另一类是相对的安全观，认为安全是指对人类造成的危害低于人类承受限度的存在状态。

基于绝对安全观，对安全的代表性定义有：

(1)《现代汉语词典》(1996 年修订版)对安全的解释为：没有危险；不受威胁；不出事故。

(2)美国军用标准 MIL-STD-882C《系统安全大纲要求》对安全的解释为："没有引起死亡、伤害、职业病，或财产、设备的损坏或损失或环境危害的条件。"(景国勋，2014)

美国军用标准 MIL-STD-882C《系统安全大纲要求》从 1964 年问世到现在，经过多次版本更新，已提出了多个版本，对安全的解释已从最初仅仅关注人身伤亡，扩展到关注职业病、财产和设备的损失和损坏，直至关注环境的危害，体现了人们对安全问题认识的逐步深化的过程和对安全问题研究的不断扩展过程。

(3)安全是指因人、机、环境的相互作用而导致系统损失、人员伤害、任务受影响或造成时间的损失等(林大泽和韦爱勇，2005)。

该定义进一步把任务受到影响和时间遭受损失也作为安全关注的对象，不仅要关注系统遭受的直接损失，而且还要关注间接的损失，比如任务受到影响、不能按时完成任务等问题。

上述三个定义表明：随着人们对安全问题认识的不断深入，安全的外延在不断扩大，对安全问题的关注已从生产活动扩展到了生产、生活、生存活动中的各个领域。

基于相对安全观，对安全的代表性定义有：

(1)《职业健康安全管理体系》(GB/T28001—2001)对安全的定义为："免除了不可接受的损害风险的状态。"(国家质量监督检验检疫总局，2001)

这是从相对安全观的角度给安全下的定义，该定义表明安全是相对于人们可接受损害

风险的程度而谈的，如果一个系统的损害风险在人们可接受的范围之内，这个系统就是一个安全的系统。

（2）安全是指客观事物的危险程度能够为人们普遍接受的状态（林大泽和韦爱勇，2005）。

这个定义表明安全不是绝对的，而是相对的，是相对于人们普遍接受的危险程度（如规律、法规的要求；安全方针、目标的要求、人们普遍能接受的风险程度等）而谈的。当系统的危险程度高于人们普遍接受的程度，则是不安全的系统，反之，则是安全的系统。由于随着时间和空间的变化，人们接受危险的程度也在发生变化，因此安全与否不是一成不变的，安全与危险在一定的条件下是可以相互转换的。当危险程度不变，如果人们接受危险的程度提高了，则危险状态便会转换为安全状态，反之安全状态便会转换为危险状态；当人们接受危险的程度不变，如果危险程度提高了，则安全状态便会转换为危险状态，反之危险状态便会转换为安全状态。

事实上，世界上只有相对安全，没有绝对安全；只有暂时安全，没有永恒安全。一方面，由于人的认识能力、判断能力和控制能力总是有限的，以及任何事物都存在着某种危险性或潜在的危险性因素，人们不可能认识和控制所有的不安全因素，因此只存在相对的安全状态，不存在绝对的安全状态，如图 2-1 所示。

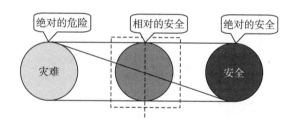

图 2-1　安全与危险的关系示意图

另一方面，系统的安全与否取决于人、物，以及人与物的关系（包括人与人、物与物、人与物的关系）的协调，一旦保障安全的条件发生了变化，安全状态也会随之发生变化。人、物，以及人与物关系构成安全三要素，它们共同组成一个动态的、开放的系统，为了达到和保持系统的安全状态，需要通过系统的信息对各安全要素进行能量的运筹、调节、匹配和控制，使人与人、物与物以及人与物的关系始终处于协调状态，一旦这种协调状态被破坏便会产生安全问题。由于人与人、物与物、人与物的协调关系不是一成不变的，而是始终处在动态的发展过程中，因此，只有暂时的安全，没有绝对的安全。

基于上述认识，目前学术界普遍采用相对安全的概念。为此，我们可以对安全作如下的定义：安全是在一定的时空条件下，客观事物的危险程度能够为人们普遍接受的状态。该定义表明安全随着时空条件、人们能够接受的危险程度、安全标准的变化而变化，是一个动态的概念。安全与危险的相对性如图 2-2 所示。

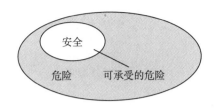

图 2-2　安全与危险的相对性

另外,要正确理解安全的含义,还需要注意安全与事故、危险和风险等其他相关概念的区分。从安全的上述定义可以看出,安全与否是针对人,以及与人身心直接或间接相关的事物而言的,是从人的生理需要和心理需要的角度提出的。然而,安全并不能直接被人所感知,能被人直接感知的是事故、危险、风险等。

(1)事故。事故是指人们不希望发生的,导致人员伤亡或疾病、系统或机器、设备、设施损坏、财产损失,或环境破坏的意外事件。

(2)危险。危险是指可能带来人员伤亡或疾病、系统或机器、设备、设施损坏、财产损失,或环境破坏的因素和条件。

(3)风险。风险是对事故发生的难易程度(即事故发生的可能性)及其严重程度(后果)的度量。

危险并不等于事故,它只是导致事故的潜在条件;而事故则是已经真实地发生了的人员伤亡、系统或设备损坏、财产损失或环境破坏等。只有在特定的触发事件作用下,危险才可能演变成为事故。而风险体现的则是由于事故而造成的损失。它们三者之间的相互关系如图 2-3 所示。

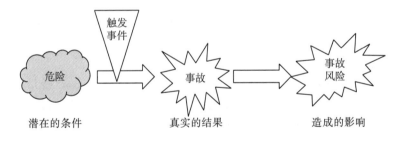

图 2-3　事故、危险与风险的关系

2. 安全的属性

由于人是安全的主体和核心,人具有自然属性和社会属性,因此安全也具有自然属性和社会属性。

1)安全的自然属性

安全的自然属性是指人的自然属性,以及客观世界中的物质及其运动规律在安全方面所表现出来的现象和过程。

人的自然属性的最基本表现就是以人的生理结构为物质前提的食欲、性欲和自我保存这三种基本机能,其中食欲和性欲都是自我保存的基础,自我保存的底线就是安全。所以,人对安全的需求是本能。

人在生产过程中所使用的一切物质因素以及控制危险因素所采取的物质技术措施都遵循物质的自然规律。因此，安全的自然属性也反映了人的活动所涉及的物质的自然属性和规律。

2) 安全的社会属性

安全的社会属性是指人与人所形成的安全社会关系的基本规律及其特征，包括与人的社会属性相关的安全特征和规律，以及与社会安全相关的安全内涵两个方面。

人的社会属性主要表现在人类共生关系中的依存性、社会生活中的道德性、生产活动中的合作性和人际关系中的社会交往性。人的社会属性都是以社会人的共同安全为基础的，都有着各自的安全内涵和要求：①安全是推动生产力发展的基本途径；②安全是生产力利益关系的平衡点；③安全是行业社会形象和人们择业取向的重要因素；④生活安全是影响社会关系和稳定局势、社会秩序的重要因素；⑤安全是国民健康权、劳动权、人权的体现。

安全是社会发展的必要条件，社会发展促进社会安全。一方面，社会发展以社会的存在为基础，以社会的安全为必要条件；另一方面，社会的发展反过来促进了社会的安全。

3. 安全的基本特征

安全的本质是实现人-机-环境之间的相互协调，其基本特征包括以下九个方面。

1) 必要性

安全的必要性是指人身安全是人类生存的必要前提，没有人身安全，人类就无法维持生存，也就无法进行人类的繁衍、生活和工作。

2) 普遍性

安全的普遍性是指人类活动的一切领域都需要安全。在人类的一切活动中都存在不安全因素，为了使人类的生存、生活、生产活动按照人的意志和目的进行下去，必须尽力预防和控制人为的或天然的危害、减少失误、降低风险，维护人与物协调运转，为人类活动的进行提供必要的基础条件。

3) 随机性

安全的随机性是指人与人、人与物，以及物与物的关系协调受多种因素的影响，这些影响因素的不确定性和偶然性导致系统的安全状态存在的时间和空间具有一定的不确定性和偶然性。

4) 相对性

安全的相对性是指系统安全与否是随安全标准的变化而变化的。随着人们对安全运动规律的认识水平和社会文明程度的提高，安全的标准也在不断地提高，按照旧的安全标准是安全的，按照新的安全标准就可能不再是安全的了。

5) 局部稳定性

安全的局部稳定性是指尽管无法实现无条件的绝对安全，但有可能实现有条件的局部稳定的安全。安全要素的协调运转有一个可度量的范围，若能利用相关的原理、方法和手段有效地调节、控制各安全要素，使人与人、人与物、物与物之间的关系保持局部稳定性，就能实现局部稳定的安全。

6）经济性

安全的经济性是指保障安全需要必要的经济投入，而安全保障的投入会产生馈赠性的经济价值。一方面为了维护和保障安全需要在防护设施、安全装置、防护用品、安全作业条件、安全技能培训等方面进行必要的投入。另一方面，由于加强了安全保障条件，避免了财产损失、人员伤亡和环境污染，减少了经济损失，等于创造了经济效益。另外，安全生产创造的产品安全性不仅可以提高产品的声誉、扩大销路，而且还可以减少消费者因为使用产品而造成的潜在经济损失。

7）复杂性

安全的复杂性是指由安全的三要素（人、物和人与物关系）构成的人-机-环境运转系统是一个自然与社会相结合的开放性巨系统，深受人的思维、心理、生理等因素以及人与自然和社会的关系的影响，使安全问题的形成和演化错综复杂。

8）社会性

安全的社会性是指任何安全事故的发生都会对个人、家庭、企事业单位或社团群体等产生或大或小的危害，成为影响社会安定的重要因素。

9）潜隐性

安全的潜隐性是指受人的认识能力和科技水平的局限，人类还不可能搞清楚各种产品、原料、材料等的潜在危害（包括对人的生命、躯体、行为、心理等造成的伤害），有待人们去作深入的专门探讨。

2.1.2 事故的概念及其特性

1. 事故的概念

关于事故，至今没有一个公认的统一定义，人们从不同的角度出发，对事故有不同的理解，比较有代表性的定义有：

(1)《现代汉语词典》1996 年的修订本对事故的解释为："意外的损失或灾祸（多指在生产、工作上发生的）。"

(2)《辞海》对事故的解释为："意外的变故或灾祸，今用以称生产与工作中发生的意外损害或破坏。"

(3)《职业健康安全管理体系》(GB/T28001—2001)对事故的解释为："造成死亡、疾病、伤害、损坏或其他损失的意外情况。"（国家质量监督检验检疫总局，2001)

(4) 美国安全工程师学会(The American Society of Safety Engineers, ASSE) 对事故的解释为："事故是人们在实现其目的的行动过程中，突然发生的，迫使其有目的的行动暂时或永远中断，并有时造成人身伤亡或设备损毁的一种意外事件。"（景国勋，2014)

此定义表明事故发生在人们有目的的行动（比如运输货物、生产某种产品等）之中，事故是突然发生的事件，其后果是造成人身伤亡或设备损毁。

(5) 美国军用标准 MIL-STD-882C《系统安全大纲要求》对事故的解释为："事故是

造成伤亡、职业病、设备或财产的损坏或损失或环境危害的一个或一系列事件。"(吴穹和许开立，2002)

(6)伯克霍夫(Berckhoff)认为"事故是人(个人或集体)在为实现某种意图而进行的活动过程中，突然发生的、违反人的意志的、迫使活动暂时或永久停止的事件。"

由于事故的后果可能造成人员伤亡、财产损失、环境污染、工作延误或干扰单独发生、同时发生或都不发生。因此，从这个意义上讲，伯克霍夫的定义更为全面。另外，从上述关于事故的各种定义可以看出，事故至少包含以下三层含义：

(1)事故是一种发生在人类有目的的活动中的特殊事件。事故是一种迫使人们正在进行的活动暂时或永久停止的事件，若想将人们正在进行的活动按预先的目的和意图顺利地进行下去，就应防止事故的发生。

(2)事故是一种突发的意外事件。事故的发生与否受多种因素的影响，发生的时间、发生的地点、发生的方式、发生后造成的损失和危害事先无法准确预测，具有一定的突发性和偶然性。

(3)事故是一种人们不希望发生的事件。由于事故的发生会中断或终止人们有目的进行的活动，给人们的生产、生活造成一定的影响(人员伤亡、财产损失、环境污染、工作延误或干扰等)，因此，人们应想办法防止事故的发生。

基于上述分析，可以给事故作如下的定义：事故是指在人们进行的各类活动(包括生存、生活、生产等活动)过程中，突然发生的、违背人们意愿的、迫使原来的活动暂时或永久停止，或迫使之前存续的状态发生暂时或永久性改变的意外事件。事故发生的后果可能造成人员伤亡、财产损失、环境污染、工作延误或干扰等单独发生、同时发生(比如，生产过程中发生人员伤亡、爆炸事件等)，或都不发生(比如，会计记账发生的记账错误但及时发现，并予以改正的事件；机器设备发生故障并及时排除的事件等)。

2. 事故的特性

同世界上任何事物一样，事故具有自身的特性，它的特性主要表现在以下三个方面。

1)因果性

事故的因果性是指任何事故绝对不会无缘无故地发生，都是由潜伏的危险因素引起的。事故的因果性表明事故的发生具有其规律性，找出引发事故的原因、探究事故原因经过何种过程造成事故是预防和减少事故发生的前提。

2)偶然性

事故的偶然性是指事故的发生与否受多种因素的影响，各影响因素出现与否、它们能否发生相互作用，以及发生怎样的作用具有一定的随机性，从而导致事故的发生具有随机性，即事故的发生具有偶然性。尽管事故的发生具有偶然性，但加强对事故诱发因素的资料收集、分析还是可以找出事故发生的近似规律的。因此，科学的安全管理就应该根据事故的必然性规律消除事故的偶然性。

3)潜伏性

事故的潜伏性是指引发事故的危险因素一般以隐匿的、潜在的方式存在，在事故尚未发生之前，似乎一切都处于"正常"和"平静"的状态之中，但随着时间的推移，一旦条件成熟(被人的不安全行为触发或其他因素触发),便显现而酿成事故。事故的潜伏性说明事故的发生是一个动态的过程,具有一定的预兆性,这是因为潜伏的事故(危险因素已经存在)在等待爆发的时机或条件的过程中有可能发出种种预兆,一旦我们认识或捕捉到事故发生的预兆,并及时采取有效的措施,便可以防止和减少事故的发生。

2.1.3　安全事故及其分类

1. 安全事故的含义

从前面对事故的理解可以看出,事故的发生不一定会造成人员伤亡,或财产损失,但事故一旦导致人员伤亡或财产损失,就会危及人身安全或财产安全。因此,基于安全的定义,可以给安全事故作如下的定义:安全事故是指在人们进行的各类活动中突然发生的、伤害人身安全和健康,或者造成财产损失的,迫使原来的活动暂时中止或永远终止的意外事件。

由此定义可以看出,安全事故是一类特殊的事故,它的发生将导致人身伤亡或财产损失,不导致人身安全和健康伤害、不造成财产损失的事故不是安全事故。

2. 安全事故的分类

根据研究的目的不同,按不同的标准可将安全事故划分为不同的类型。按安全事故是否发生在生产经营过程中,可将安全事故分为生产安全事故和非生产安全事故。生产安全事故是指在生产经营活动及其相关活动中发生的安全事故,包括在生产经营活动中发生的人员伤亡事故、职业危害事故、设备和设施损毁事故、环境污染事故等。非生产安全事故是指在生产经营活动及其相关的活动之外发生的安全事故,如盗窃事故、人为破坏事故,以及其他安全事故等。按安全事故发生的行业不同,可将安全事故分为:工业安全事故、农业安全事故、林业安全事故、渔业安全事故、食品安全事故等。

2.2　生产安全事故的含义、分类及其特征

2.2.1　生产安全事故的定义

基于上述对安全事故的理解,本书将生产安全事故定义为生产经营单位在其生产经营活动及其相关活动中发生的安全事故,即生产安全事故是指生产经营单位在生产经营活动及其相关活动中突然发生的,伤害人身安全和健康,或者损坏设备、设施,或者造成经济损失的,导致原生产经营活动及其相关活动暂时中止或永远终止的意外事件。

2.2.2　生产安全事故的分类

生产安全事故按不同分类标准,可以划分为不同的类型。

(1)按照危害性质的不同,生产安全事故可分为人员伤亡事故、设备安全事故、质量

安全事故、环境污染事故、职业危害事故、其他安全事故。

(2)按照行业的不同,生产安全事故可分为农业安全事故、林业安全事故、渔业安全事故、采矿业安全事故、建筑业安全事故、交通运输安全事故等。

(3)按照严重程度的不同,可分为特别重大事故、重大事故、较大事故和一般事故。

根据《生产安全事故报告和调查处理条例》(国务院令第 493 号)的规定,生产安全事故分为以下等级:

①特别重大事故,是指造成 30 人以上死亡,或者 100 人以上重伤(包括急性工业中毒,下同),或者 1 亿元以上直接经济损失的事故;

②重大事故,是指造成 10 人以上 30 人以下死亡,或者 50 人以上 100 人以下重伤,或者 5000 万元以上 1 亿元以下直接经济损失的事故;

③较大事故,是指造成 3 人以上 10 人以下死亡,或者 10 人以上 50 人以下重伤,或者 1000 万元以上 5000 万元以下直接经济损失的事故;

④一般事故,是指造成 3 人以下死亡,或者 10 人以下重伤,或者 1000 万元以下直接经济损失的事故(上述所称的"以上"包括本数,所称的"以下"不包括本数)。

2.2.3　生产安全事故的基本特征

生产安全事故是特殊的事故,是造成人身安全和健康伤害,或者设备设施损坏,或者经济损失的事故,它也具有事故的一般特征:因果性、偶然性和潜伏性。

1. 因果性

因果性是指一切生产安全事故的发生都是由潜伏的危险因素引起的,绝对不会无缘无故地发生生产安全事故。引发生产安全事故的危险因素可能来自人的不安全行为、物的不安全状态、环境的不安全条件或管理缺陷和失误,生产安全事故的发生是来自各方面的危险因素相互作用的结果。生产安全事故的因果性表明生产安全事故的发生具有其规律性,只要能找出引发生产安全事故的原因及其作用机理,及时采取针对性的措施就能预防和减少生产安全事故发生。

2. 偶然性

偶然性是指生产安全事故的发生与否受多种因素的影响,各影响因素出现与否、它们能否发生相互作用,以及发生怎样的作用具有一定的随机性,从而导致生产安全事故的发生具有随机性,即生产安全事故的发生具有偶然性。尽管生产安全事故的发生具有偶然性,但运用一定的科学手段或生产安全事故统计方法还是可以找出生产安全事故发生的近似规律的。因此,科学的安全管理就应该根据生产安全事故的必然性规律消除生产安全事故的偶然性。

3. 潜伏性

潜伏性是指引发生产安全事故的危险因素一般以隐匿的、潜在的方式存在,在生产安全事故尚未发生之前，似乎一切都处于"正常"和"平静"的状态之中，但随着时间的推移，一旦条件成熟(被人的不安全行为触发或其他因素触发)，便显现而酿成生产安全事故。生产安全事故的潜伏性说明生产安全事故的发生是一个动态的过程，具有一定的预兆性，这是因为潜伏的生产安全事故(危险因素已经存在)在等待爆发的时机或条件的过程中有可能发出种种预兆，一旦我们认识或捕捉到生产安全事故发生的预兆，并及时采取有效的措施，便可以防止和减少生产安全事故的发生。

2.3　生产安全事故的成因分析

2.3.1　生产安全事故致因的逻辑关系

生产安全事故是生产经营系统中存在的事故隐患被某一偶然事件触发的、突然发生的、出人意料的意外事件。但任何生产安全事故的发生都有其产生原因，生产安全事故的发生与引发生产安全事故的危险因素存在着必然的因果关系。生产安全事故是"后果"，引发生产安全事故的危险因素是"原因"，两者之间的因果关系具有继承性和层次性。继承性是指在生产安全事故形成的过程中，前段的结果往往是下一段的原因；层次性是指一次原因是二次原因的结果，二次原因又是三次原因的结果，以此类推。在一定的时间和空间内，引发生产安全事故的危险因素相互作用可能导致生产经营系统的隐患、偏差、故障、失效等，以致发生生产安全事故。

尽管引发生产安全事故的原因错综复杂，但依据人机工程学理论，从控制生产安全事故原因的角度来分析，可将生产安全事故的基本成因归结为人的因素、物的因素、环境因素三大因素的多元函数。另外，生产经营系统的安全管理对人的因素、物的因素和环境的因素起着控制和调节作用，事故发生机理对生产安全事故的形成起着决定性作用，因此根据人机工程学的观点，可将生产安全事故致因的逻辑关系用图 2-4 表示。

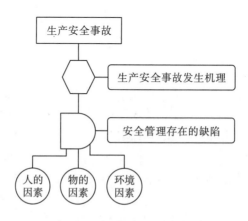

图 2-4　生产安全事故致因的逻辑关系(丁玉兰和程国萍，2013)

从生产安全事故致因的逻辑关系可以看出：生产安全事故的致因因素包括人的因素（人的不安全行为）、物的因素（物的不安全状态）、环境因素（环境的不安全条件）、管理因素（管理的缺陷或失误）四个方面，而生产安全事故的发生机理则是其触发因素；在生产安全事故形成过程中生产安全事故致因的四大原因的地位和作用有所不同，人的不安全行为、物的不安全状态、环境的不安全条件是导致生产安全事故发生的直接原因，管理的缺陷或失误是导致生产安全事故发生的基本原因，社会因素（包括经济、文化、学校教育、法律法规等）是导致生产安全事故发生的基础原因。

2.3.2　人的原因分析

根据生产安全事故统计，绝大多数生产安全事故的发生都是人的不安全行为所致，其比例高达 70%～80%（李建中等，2009）。生产系统规划、设计的缺陷，可能导致生产安全事故隐患的存在，而制造、安装和使用的人为失误则可能直接导致生产安全事故的发生。对人为失误的研究，不仅涉及人的能力、个性、人际关系等心理学方面的问题，而且还涉及体质、健康状况等生理问题。

1. 人的行为分析

1）行为的一般概念

人的行为是指人类在各种内外部刺激影响下产生的一切有目的的活动。人类在内外诱因的刺激下引起需要，需要引起动机，动机引起行为，行为又指向一定的目标。这一过程表明：人的行为受动机支配，而动机则由需要所引起，人的任何行为都是在某种动机的策动下为了达到某个目标而进行的有目的的活动。人的行为发生、发展过程的基本环节就是需要、动机和目标。据此，可将人的行为发生过程用图 2-5 来表示。

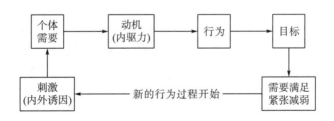

图 2-5　人的行为发生过程图

人类的行为受内外多种因素的影响，外在因素主要是指对人的行为产生影响的社会环境因素（比如社会道德观念、伦理观念、价值观念、法律法规等）和自然环境因素（比如温度、湿度、压力、大风、暴雨等）。内在因素主要是指人的各种心理因素（比如人的情感、感觉、兴趣、爱好、愿望、需要、动机等）和生理因素（比如年龄、身高、体重、胖瘦等）。尽管内在因素和外在因素都对人的行为产生影响，但两者在引发人的行为的过程中发挥的作用却有所不同，外在因素是条件，内在因素是根本，它们相互作用的结果便产生了人的行为，即人的行为 B 是内在因素 P（个人的需要）和外在因素 E（环境）的函数：

$$B = F(P, E) \tag{2-1}$$

人们的思想是通过行为表现出来的，思想的复杂性决定了人们行为的多变性。与人们的思想相比较，人们的行为是看得见、感觉得到的外在活动。构成行为的三要素：一是表情；二是语言；三是动作。在多数情况下，人的行为往往不是一种要素构成的，而是多要素的并举或多要素的连续，只有这样才能使行为协调一致，完美无缺。

2）行为的基本特征

尽管人们的行为表现千差万别，但如果忽略其形式上的不同，它们都具有如下的基本特征：

（1）主动性

行为的主动性是指外力虽然可以影响人的行为，但无法发动人的行为，人的行为在本质上是自主的、主动的，而不是被动的。人的行为之所以具有主动性是因为人具有一定的价值观念，只有当人的行为与其价值认识相一致时，人的行为才是真正的自觉行为。

（2）因果性

行为的因果性是指人的任何行为都不是无缘无故地产生的，是有其产生的原因的。引发人的行为的根本原因是人的内在需求，没有人的内在需求便不会引发人的行为，但人的内在需求的强弱与外部刺激密切相关。需求是潜在的，当需求受到刺激时才逐步强烈，强烈的需求引起行为的动机，动机进而引起某种行为。

（3）目标性

行为的目标性是指人的行为不是盲目的和自发的，而是总指向一定的目标，这种目标有时被个体明确意识到，有时未被个体明确意识到。指向目标的行为又可分为目标导向行为和目标行为。目标导向行为是为达到目标所表现出来的行为，它是达到目标的准备条件，而目标行为是直接满足需要、达到目标的行为，比如运动员参加比赛是目标行为，而赛前训练则是目标导向行为。

（4）外在性

行为的外在性是指人的行为是人有内在因素（生理因素、心理因素、思想因素等）的外在表现。人的内心世界的活动无论多么深沉、复杂和难以捉摸，但最终必然会通过其行为表现出来。行为的外在性表明，通过人的行为表现观察人的潜在的心理活动，即通过分析人的行为表现，洞察人的心理和思想活动。

（5）可变性

行为的可变性是指在实现目标的过程中，人的行为目标不是一成不变的，随着人的认识水平的提高和观念的变化，人的行为方式，甚至人的行为目标都可能发生改变。在实现目标的过程中，倘若人们发现了更加现实、更加理想的目标，人们就可能改变原有的行为方式或行为目标，以便更好地满足人们的需要。人的行为可变性表明：人的行为不仅是动态的、可塑的，而且还是可控的。

3）行为的基本规律

行为的基本规律主要指行为的活动规律和行为的发展规律。

（1）行为的活动规律

行为的活动规律是指人的行为受人的思想所支配，而支配行为的思想又是人们所处的社会环境、工作生产环境、政治文化环境等外界事物作用于人的大脑的结果，即外界事物作用于人的思想，人的思想支配人的行为，这一规律可以用图 2-6 简要地表示。

图 2-6　行为的活动规律示意图

影响人们思想的外界因素尽管错综复杂、多种多样，但归纳起来，不外乎以下三大类：一是物质因素，主要有物质生活资料、物质消费资料，而物质消费资料(包括吃、穿、住、行、用五个方面)又是更直接影响人们思想的因素；二是政治因素，主要包括阶级关系、政治路线、政治立场、政治信仰、政治观点等；三是精神因素，主要包括理想信念、道德伦理、人生观、价值观、爱情观、科学文化、生活习惯、生活方式等。客观外界的这三大因素反复作用于人们的大脑，就会影响和产生人们的思想，它对人的思想的影响力主要表现在三个方面，即左右、动摇和改变已经形成或正在形成的思想；启发、刺激和诱导产生新的思想；辨别和校正人们的各种思想。这种影响通过有组织和无组织、有意识和无意识、自觉和自发的途径和方式来起作用，客观外界因素的复杂性决定了它作用于人脑所产生的思想的多样性，思想的多样性也表现为三个方面：一是思想修养(包括价值观、政治观、理想观、幸福观、苦乐观、生死观等)的多样性；二是伦理道德(包括伦理观、道德观、荣辱观、美丑观、恋爱观、婚姻观、家庭观等)的多样性；三是认识能力(包括对人、对己、对事、对物的观察力、分析力、鉴别力和思维方法等)的多样性。一般情况下，这三个方面综合起来对人的行为发生导向作用。

思想支配行为是行为活动规律的第二阶段，在支配行为的过程中，思想是以需要的形式表现出来的。人的需要是多方面的、分层次的，有人把需要分为五个层次，有人把需要分为七个层次，而马克思则把人的需要分为四个方面：一是物质的需要(包括物质生产资料和消费资料)；二是精神的需要(包括友谊、爱情、文化、道德、理想、信仰等)；三是交往的需要(包括生产中的交往和社会交往等)；四是劳动的需要(包括脑力劳动、体力劳动以及劳动就业等)。在这四种需要中，物质需要是最根本的，而精神、交往、劳动三者的需要则是高层次的，是保证社会存在、发展和进步的必要条件。另外，人的行为不仅受思想的支配，而且还与人的个性有关，即与人的兴趣、习惯、智商、气质和性格有关，其中性格是个性的核心。因此，在分析人的行为时，除了要分析产生行为的思想根源之外，还要注意分析人的个性，把握人的性格特点，只有将外界环境、思想、需要、个性等方面综合起来考察人的行为动因，才能做到全面分析、评价和引导人的行为。

(2)行为的发展规律

行为的发展规律是指思想影响行为，反过来行为也会对思想产生影响，思想指导行为改造客观世界，并在改造客观世界的过程中改造主观世界，形成新的思想，产生新的行为，进一步改造客观世界，如此循环往复、周而复始、螺旋上升，推动人类进步，推动事物前进。行为的发展规律可用图 2-7 表示。

图 2-7　行为的发展规律示意图

4) 行为的基本模式

早期的经典行为主义学家将行为的基本模式确定为"刺激 (stimulus)-反应 (response)"(简记为 S-R)，认为行为是一系列的刺激与反应过程。后来的新行为主义和认知心理学家逐步认识到，只研究刺激与反应这些客观的东西会造成忽视中介心理过程的弊病。为此，将行为的基本模式改为：S-O-R。其中，"O"的含义是 Organism，指有机体内在的心理过程，特别指人的认知心理过程。该模式认为刺激通过人的内在心理或认知过程而做出反应。这就形成了两种模式的行为理论：一是刺激-反应 (S-R) 范式的行为理论；二是认知(S-O-R) 范式的行为理论。

S-R 模式的行为理论把行为归结为刺激与反应之间联结的形成，在 20 世纪上半叶占主导地位，其共同特征是：认为行为的实质在于形成刺激与反应之间的联结，并且这种联结是直接的、无中介的。该理论强调对刺激与反应之间联结形成过程的客观研究，相对忽视行为的内部过程研究。

认知模式的行为理论强调行为的中介心理过程的作用，其共同特点为：认为在刺激与反应之间存在着中介心理过程，行为的实质在于形成认知结构。该理论看到行为者的能动性，适合于解释人类较高级的认知行为问题。

2. 人的不安全行为分析

1) 人的不安全行为的含义

人的不安全行为是指易于引发事故或在事故发生过程中扩大事故损失的行为。关于人的不安全行为可从多个角度加以理解。第一，人的不安全行为是容易引发安全事故的行为，并不意味着人的每一次不安全行为都会引发安全事故，但不安全行为若得不到及时的纠正，终究会导致安全事故的发生。第二，安全行为和不安全行为是相对于引发事故的概率和导致事故损失的大小而谈的，是相对的概念。若人的一个行为具有引发事故概率很低和导致事故损失很低的特征，则称该行为为安全行为；反之，则称为不安全行为。第三，人的某一行为是否为安全行为与处所的环境有关，同样一种行为(比如适量饮酒)在某种环境中(比如休息的时候)是安全行为，而在另一种环境中(比如驾驶汽车的时候)就是不安全行为。考虑到行为的安全与否同所处的环境有关，可以将不安全行为定义为：指在某个特定的时空环境中，易于引发事故或在事故发生过程中扩大事故损失的行为。

从上述定义可以引申出人的不安全行为具有如下特征：

(1) 人的不安全行为是在其有目的的活动过程中出现的行为，由于其受多种因素的影响，在某程度上是不可避免的，但可以测得其引发事故的概率；

(2) 人的行为受环境的影响，通过改善工作条件和设置安全装置可以防止人的不安全行为；

(3) 人员的行为反映其上级的态度，某一级别人员的不安全行为，反映出较高级别人员职责方面的缺陷；

(4) 安全行为与不安全行为是相对于环境对行为者的要求而言的，某一行为是否为安全行为，随环境的变化而有所不同；

(5) 没有引发安全事故的行为不一定是安全行为，因此按惯例、凭直觉解决安全管理方面的问题不会取得长期的成功。

2) 人的不安全行为的分类

(1) 按引发人的不安全行为的原因不同，人的不安全行为可分为随机失误、系统失误和偶发失误 3 类。

A.随机失误。随机失误是指由于人的行为、动作受多种因素的影响，使人的行为和动作具有一定的随机性，偏离了目标而引起的失误。如手工操作时作用力的大小、方位和作用的时间是人不能精确控制的，一旦偏离了目标就可能引发失误。随机失误具有不可预测性、不能重复性等特征。

B.系统失误。系统失误是指由于系统工作条件的不合理设计或人的不正常状态引起的失误。工作条件的不合理设计引发的系统失误包括：工作任务的要求超出了人的承受能力和规定的操作程序不利于操作人员应付偶然发生的异常情况两个方面。人的不正常状态引起的系统失误是指由于人的不正常生理状态、心理状态而引发的失误。

C.偶发失误。偶发失误是指偶然出现的意外情况引发的过失行为，或事先难以预料的意外行为。例如，突发紧急情况下操作人员违反操作规程而引起的失误、不小心触碰了操作杆而引发的失误等。

(2) 按人的不安全行为表现形式不同，可将人的不安全行为分为疏忽性失误、操作性失误、多余性失误、时间性失误和风险性失误。

A.疏忽性失误。疏忽性失误是指由于遗漏或遗忘造成的失误。例如，忽视安全、警告。

B.操作性失误。操作性失误是指由于操作不当而造成的失误。例如，操作错误、调整错误、违反操作规程、下意识的动作、手工代替工具操作、人为造成安全装置失效等。

C.多余性失误。多余性失误是指完成了不应该完成的任务。例如，将安全保护装置拆掉等。

D.时间性失误。时间性失误是指未按规定时间操作或反应。例如，时间规定超差、对意外事件反应超过规定时间、未按规定顺序时间进行操作等。

E.风险性失误。风险性失误是指未能意识到风险，或对风险情况估计不足。例如，成品、半成品、材料、工具等物品存放不当；冒险进入危险场所等。

(3) 按人的不安全行为发生的工作阶段不同，可将人的不安全行为分为设计失误、制造失误、安装失误、运用失误和维修失误。

A.设计失误。设计失误是指在产品设计阶段发生的人的不安全行为。例如，人机功能分配不当、负载估计不当、计算错误、选用材料不当、参数选择错误等。

B.制造失误。制造失误是指影响产品加工质量的人的不安全行为，主要包括不正确的指示、不合适的工具和装备、不宜的环境、作业场地或车间配置不当等。

C.安装失误。安装失误是指生产过程装配、安装不当引起的人的不安全行为，主要包括：用错元器件、零部件或材料、漏装元器件、零部件、装配不符合图纸或安装手册的要求、连接不正确或不可靠、装配完成后的错验和漏检等。

D.运用失误。运用失误是指产品投入运用后，操作者在操作过程中发生的人的不安全行为，主要包括操作规程不完整、不正确；操作步骤复杂，要求在超负载条件下操作；操作人员素质不高，培训不够；操作单调、乏味，操作人员提不起兴趣而疏忽大意、违反操作规程等。

E.维修失误。维修失误是指在维修过程中，由于维修保养不当引起的人的不安全行为，其故障模式很多，例如：错误地拆卸和安装设备、读错或校错检测仪表的读数、将物品或工具遗忘在机器中、维修后忘记关闭或打开阀门、贮存、运输等。

人的不安全行为除了上述三种分类之外，不同的国家根据各国的实际情况对人的不安全行为作了相应的规定。

(4)我国《企业职工伤亡事故分类标准》(UDC658.382 GB6441—86)附录 A 将人的不安全行为规定为如表 2-1 所示的 13 种行为。

表 2-1　　《企业职工伤亡事故分类标准》附录 A 规定的不安全行为

序号	不安全行为
1	操作错误、忽视安全、忽视警告
2	造成安全装置失效
3	使用不安全设备
4	手工代替工具操作
5	物体存放不当
6	冒险进入危险场所
7	攀坐不安全位置
8	在起吊物下作业、停留
9	机器运转时加油、修理、检查、焊接、清扫等
10	有分散注意力行为
11	在必须使用个人防护用品、用具的作业或场所中，忽视其使用
12	不安全装束
13	对易燃易爆等危险品处理错误

(5)美国国家标准协会的 ANSIZI6.2—1962 将人的不安全行为规定为如表 2-2 所示的 13 种行为。

表 2-2　美国 ANSIZ16.2—1962 规定的不安全行为（王章学，2002）

序号	不安全行为
1	未经允许操作
2	不报警、不防护
3	用不适当的、不合规定的速度操作
4	安全防护装置失效
5	使用有毛病的设备
6	使用设备不当
7	没有使用个人防护用品
8	装载不当、放置不当
9	提升、吊起不当
10	姿势不对，位置不正确
11	在设备开动时维护设备
12	恶作剧
13	喝酒、吸毒

（6）日本厚生劳动省将人的不安全行为规定为如表 2-3 所示的 12 种行为。

表 2-3　日本厚生劳动省规定的不安全行为（王章学，2002）

序号	不安全行为
1	使安全装置无效
2	不执行安全措施
3	不安全放置
4	造成危险状态
5	不按规定使用机械装置
6	机械装置运转时清扫、注油、修理、点检等
7	防护用具、服装不规范
8	接近其他危险场所
9	其他不安全、不卫生行为
10	动作失败
11	错误动作
12	其他

3. 人的不安全行为原因分析

造成人的不安全行为的原因十分复杂，可以从不同的角度进行分析。美国航空航天局（National Aeronautics and Space Administration，NASA）从人的状态、环境状况、设备（设施）状况和管理失误 4 个方面来分析人的不安全行为原因，如图 2-8 所示。

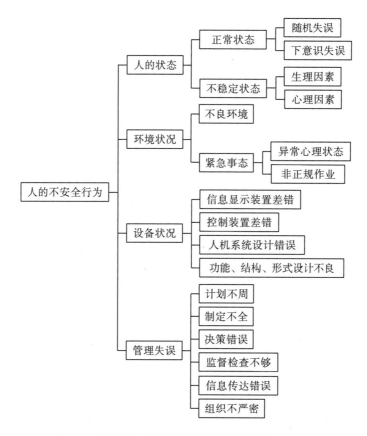

图 2-8   人的不安全行为的原因分类(董锡明，2014)

各种原因不仅可能单独引发人的不安全行为，还可能相互交叉、互相影响，在人的身上反映出来的失误原因特征往往都是多种原因综合的结果。

1) 人的状态

人的状态对人的不安全行为有着明显的影响，即使在人的正常状态下也会发生失误，这就是通常所说的随机失误和下意识失误。但人的不安全行为造成事故的情况，一般是由于人的生理和心理处于不稳定的非正常状况而引起的。

(1) 生理方面的原因。人体各感觉(视觉、听觉、触觉、体觉和嗅觉等)器官、各功能(听力、视力等)系统、生理节奏和疲劳特性等处于不稳定的非正常状况都可能引发人的不安全行为。

(2) 心理方面的原因。人的行为是受其心理活动支配的，因此人的心理活动状况对人的不安全行为的产生有重要的影响。人的心理活动状况是由其心理过程和个性心理两方面决定的。心理过程是指人的认知、意志和情感的动态过程，对人的不安全行为造成影响的心理过程方面的因素主要有感觉、知觉、注意、记忆、思维、情绪、意志等；个性心理是指人个体差异的心理现象，包括个性心理特征和个性心理倾向。个性心理特征包括能力、气质和性格等；而个性心理倾向包括动机、兴趣、信念等。因此，造成人的不安全行为的个性心理因素主要有：性格、气质、能力、动机等。

2) 环境状况

这里的环境因素主要是指对人的不安全行为产生影响的外界因素,主要包括工作环境和紧急事态。

(1) 工作环境。工作环境的不良微气候、噪声、振动、照明、粉尘等引起作业人员的疲劳、烦恼、注意力分散、意识水平下降、反应迟缓,从而增加了事故的发生率。

(2) 紧急事态。紧急事态是指面临危险的状况或非正常作业的情况。在面临危险情况下,作业人员大脑活动紧张度增高,在信息处理过程中往往会出现:注意力集中于异常事物,而忽略其他;产生错觉或幻觉;收集信息的精度降低;分不清轻重缓急,缺乏对信息的选择能力等心理倾向,从而产生动作生硬、用力过猛、张皇失措、行动不能自控等异常动作,进而引发不安全事故的发生。对于某些临时性的非正常作业,由于准备工作不充分,而容易导致事故。例如:作业现场媒体不完备、不清晰,而导致错误操作;无作业指导书;没有紧急通话的规定用语;所使用的指示或标志不明显,使人注意不到等。

3) 设备状况

设备状况是指人机界面上的显示、控制装置的功能、结构、形状和配置是否符合人因工程学的要求,是否符合人的生理、心理特性,是否设有安全装置等。设备状况引发人的不安全行为的因素主要包括:显示装置差错、控制装置差错、人机系统设计错误和设备功能、结构和形式设计不良等。需要特别指出的是:设备功能、结构和形式设计不良造成人的不安全行为所包含的范围非常广泛,如缺乏必要的隔离装置、缺乏必要的安全防护装置、设备布置不合理、不安全等都可能引起人的不安全行为。

4) 管理失误

管理失误主要是指企业领导对安全管理不够重视、管理法规和体制不够健全,管理组织和计划不够严密,监督、检查不恰当等。

2.3.3　物的原因分析

生产过程中发挥作用的一切物质生产要素(比如机器、设备、原材料、建筑物等)统称为物。任何物质都具有一定形式的能量,而且存在意外释放能量的可能性,物的这种意外释放能量的可能状态称为物的不安全状态。物的不安全状态是物资在储能过程中或机器设备运行过程中存在的一种潜在危险性,往往与人的不安全行为有关,它既反映了物的自身特性,又反映了人的素质和人的决策水平。按照事故致因的轨迹交叉理论,只有当物的不安全状态和人的不安全行为同时发生时,才会引发事故的发生,如图 2-9 所示。

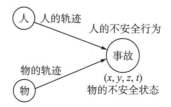

图 2-9　轨迹交叉理论

物的不安全状态具体表现为：①设备、设施等的缺陷；②防护、保险、信号等装置缺乏或有缺陷；③劳动防护不符合安全要求；④生产(施工)场地环境不良；⑤物品贮存、保管不符合安全要求等。

2.3.4 环境原因分析

对生产作业活动中的人员、机器、设备、设施、装置等生产要素产生直接和间接影响的一切人为因素和天然因素统称为作业环境，环境的不安全因素(条件)是指在生产作业活动中对作业人员的心理、意识和能力，以及对机器、设备、设施、装置等生产要素的正常运用和使用产生不良影响的所有人为因素、天然因素和条件。环境的不安全因素涉及作业环境的方方面面，尽管不同的生产作业所面临的环境不安全因素有所不同，但归纳起来，主要包括：①作业场所缺陷，比如照明光线不良、烟雾尘弥漫、通风不良、场所狭窄、混乱、地面滑等；②作业方法缺陷，比如物品贮存方法不安全、使用不适当的机械装置、使用不适当的工具、工艺和作业程序有误等；③外部环境缺陷，比如交通危险、原材料缺陷、大风、暴雨、雷电、高温、冰雪、地形等。

作业环境不仅直接影响到作业者的安全、健康和工作能力，而且还可能影响到机器设备的正常运行和设施功能的正常发挥。因此，为了减少事故发生，创造良好的作业环境，保障人的安全十分重要。

2.3.5 管理原因分析

1. 管理原因的含义及其基本内容

事故的管理原因，又称管理缺陷或失误，是指管理理念落后、管理方法不科学、管理手段不先进、管理制度不健全，以及管理不到位、指挥错误、人员安排不合理等，其基本内容包括：

(1)技术管理缺陷。如对工业建筑、构筑物、机械设备、仪器仪表等生产设施、设备的结构、技术、设计上存在的问题，采取的技术管理措施不到位；生产工艺流程、操作方法、维护检修等不规范、不合理；对作业环境的安排不合理、缺少可靠的防护装置等问题未给予足够的重视。

(2)人员管理缺陷。如对作业者缺乏必要的考核、选拔、教育和培训，对作业任务和作业人员的安排等方面存在缺陷。

(3)劳动组织不合理。如劳动组织结构不合理、作业程序不科学、劳动定员与岗位人员需求不匹配、劳动定额与员工的能力不匹配等问题。

(4)现场管理缺陷。如对人(作业人员和管理人员)、机(机器、设备等)、料(原材料)、法(加工方法、操作方法等)、环(工作环境)、信息的计划、组织、协调和控制缺乏有效的检查和指导或错误指导、事故防范措施不到位等。

(5)安全管理缺陷。如安全管理组织不健全、人员不落实、目标不明确、规章制度不健全；安全责任不落实、培训不到位、事故隐患整改不及时等。

(6)作业者身体上、精神上的缺陷。如疾病、听力、视力衰退、疲劳过度等。

2. 管理原因导致事故的基本结论

根据事故的致因模式和上述对管理原因的解释，可以得出以下基本结论：

(1)管理原因是激发事故的首要因素。由于生产过程中涉及的人、物、环境都要接受管理者的管理，所以从这个意义讲，在绝大部分情况下，导致事故的人、物和环境的原因均与管理缺陷或失误有关。因此，管理缺陷或失误是导致事故隐患存在和事故发生的首要因素与条件。

(2)管理原因对诱发事故的其他三种原因(人、物和环境)起着决定作用，消除管理方面的原因可以减少事故隐患、预防事故发生。

(3)管理缺陷或失误越多、持续时间越长，事故发生的概率越高、事故的级别越大。

(4)管理人员的素质和水平越高，管理缺陷和失误就越少，事故就越少；反之，管理人员的素质和水平越低，管理失误和缺陷就可能越多，事故发生的可能性就会越高。

(5)事故处理中的管理缺陷或失误会导致事故的扩大。在事故处理或事故抢救过程中，若仍然存在管理缺陷或失误，就会进一步导致事故的蔓延或扩大。

综上所述，一切事故都可归结为管理的缺陷或失误所造成的(除了目前人类运用现代科学技术与手段无法抗拒的灾害、事故外)，加强管理可以有效消除和减少不安全因素，从这个意义上讲，一切事故皆可防，预防事故的成败全在管理上。

2.3.6　生产安全事故致因因素综合分析

通过对生产安全事故的调查与分析，不难发现生产安全事故的发生通常不是单一因素造成的，而是社会因素、管理因素和生产中的危险因素(人的不安全行为、物的不安全状态、环境的不安全条件)被偶然事件触发所造成的结果，如图 2-10 所示。

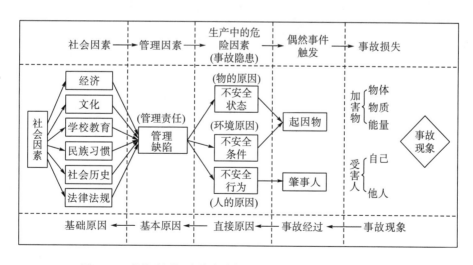

图 2-10　事故致因因素综合分析思路(丁玉兰和程国萍，2013)

　　图 2-10 给出生产安全事故致因因素综合分析的思路，该思路从分析事故现象（加害物和受害人）入手，依次分析事故经过（起因物和肇事人）、导致生产安全事故发生的直接原因（人的不安全行为、物的不安全状态和环境的不安全条件）、导致生产安全事故发生的基本原因（管理的缺陷），最后分析导致生产安全事故发生的基础原因——社会因素，包括经济、文化、安全教育、法律法规等原因。

第3章 企业生产安全事故形成与演化机理分析

3.1 生产安全事故形成机理的含义

美国学者 Radcliffe-Brown(1957)认为:"科学最重要的任务,亦为长期的任务,就是要找到作分析的正确的概念。"要弄清生产安全事故形成机理的含义,首先应搞清楚什么是机理。目前学术界关于机理的含义的不同理解,主要有如下三种观点:"机理和机制等同"的观点、"机理是关于机制的理论"的观点和"机理是事物内部的工作原理"的观点。"机理和机制等同"的观点认为机理和机制是等同的,两者之间没有什么区别,机理即机制,机制即机理,持这种观点的有唐晓清和段冰冰(2003),他们认为"机制又叫机理,原指机器的构造和原理,是传统工程学的概念"。"机理是关于机制的理论"的观点认为机理和机制有一定的区别,机理就是关于机制的理论,持这种观点的有王敏(2003),其明确指出"机理是关于机制的理论"。"机理是事物内部的工作原理"的观点认为机理就是事物内部的工作原理,持这种观点的有余仰涛教授(2000),他指出:"思想关系机理,是指思想之间相互作用的原理"。另外,李锋(2014)指出"机理是指为实现某一特定功能,一定的系统结构中各要素的内在工作方式以及诸要素在一定环境条件下相互联系、相互作用的运行规则和原理。"从上述分析可以看出,人们对机理的认识除了有不同点外,还是有相同之处的,这些相同之处主要表现在以下几点:

(1)原理性。尽管不同的学者对机理的内涵认识有所不同,但大多数学者都从原理的层面来认识机理,认为机理是系统内部的工作原理或是关于机制的原理。

(2)内部性。无论是持机理与机制等同或不等同的观点,都认为机理是事物内部的东西。

(3)规律性。绝大部分学者都认识到机理是揭示事物组成要素间相互联系、相互作用的规律性的。

通过对人们对机理认识共同点的分析,本书对机理作如下定义:机理是系统组成要素间相互联系、相互作用的原理。此定义表明:一切事物只要构成一个系统,它就一定有其机理;机理是系统内部的东西而不是外部的东西;机理是系统组成要素的活动原理。

根据前面对生产安全事故成因的分析以及对机理的定义,本书给出生产安全事故形成机理的定义如下:所谓的生产安全事故形成机理,是指生产安全事故形成原因(人的原因、物的原因、环境原因和管理原因)及其相互联系、相互作用的活动原理。这一定义包含以下含义:

(1)生产安全事故形成机理是局限于生产安全事故发生系统内部的,对于生产安全事故形成系统外的东西不列入我们考察的对象。

(2)生产安全事故形成机理是指生产安全事故形成系统内部的活动原理。包括生产安全事故形成要素及其相互影响机理、生产安全事故发生形成过程机理、生产安全事故形成规律。

3.2 生产安全事故形成的要素

导致生产安全事故发生的原因尽管不尽相同、各种各样，但根据事故致因理论可知，可把生产安全事故形成的要素归纳为人的因素、物的因素、环境因素和管理因素四个基本要素。

(1)人的因素。人的因素是指人的不安全行为。生产中发生的各种安全事故，无论是直接的还是间接的原因，都可以说是由于人们的行动失误所引起的。人的不安全行为可以直接造成事故，也可以促成物的不安全状态，还可能出现管理上的缺陷。人是导致事故发生的原因之一。人与人之间存在差异，产生人的差异的因素很多，如遗传素质、癖性、心理因素等。情绪急躁、感情冲动、处事轻率、反应迟钝、身体不适、注意力不集中的人，发生事故的可能性就大。懂不懂安全知识，操作熟练程度，对待劳动纪律和规章制度的态度等，与事故的发生也有着密切的关系。

(2)物的因素。物的因素是指物的不安全因素和状态，即发生事故时，所涉及的物质的性质和状态。物的因素又可分为客观物质因素和主观物质因素。客观物质因素是指物质的固有属性及其具有的潜在破坏所构成的不安全因素。如矿井中的瓦斯，焊接使用的氧气、乙炔等，具有热能和化学能，在一定条件下会发生燃烧或爆炸。在一些产品或生产工艺中使用的原料产生的剧毒物质，使人急性中毒或窒息。主观物质因素又称为人为物的不安全状态，是指因人为因素而引起的物的不安全状态，如设计不规范、制造不符合标准，安全防护装置不全或不良。物质因素是动态的，它随着生产过程中物质条件的存在而存在，并随作业方式、作业时间、工艺条件等因素的变化而变化。

(3)环境因素。环境因素是指环境的不安全因素。环境的不安全因素不仅影响人的行为，而且还可能改变物的状态和性质。如照明不良容易产生疲劳，误操作增多；噪声大会影响听觉，可能得到错误信息，作出错误的判断和行动；有害气体和粉尘会影响人的健康，有的可燃气体、粉尘还会导致燃烧或爆炸事故；温度、湿度得不到正常调节，使人感到不舒适，因此在高温、高湿条件下作业，事故频率也会增高。

(4)管理因素。管理因素是指管理的缺陷和失误。管理因素包括技术、劳动组织、教育、规章制度等方面的失误或缺陷，它是造成事故的重要根源。

生产安全事故形成的这四大要素不是独立的，它们在生产安全事故形成过程中相互影响、相互作用，其关系如图 3-1 所示。

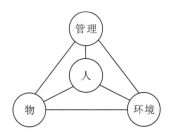

图 3-1　生产安全事故形成中人、物、环境、管理之间的关系(吴强等，2001)

　　从图 3-1 中可以看出，在四个因素中，人的因素处于中心位置，是主导因素；管理因素是关键；物的因素是根源；环境因素是条件。另外，人的因素、物的因素、环境因素和管理因素又是相互牵连的，它们间的相互牵连关系就犹如一个正方形的构成一样，一条边的长短决定着另外三条边的长短，但起决定性作用的是管理因素，即管理因素直接决定着人的不安全行为、物的不安全状态和环境的不安全因素或条件。

　　在生产安全事故的形成过程中，人的因素、物的因素、环境因素和管理因素间的相互牵连关系如图 3-2 所示。

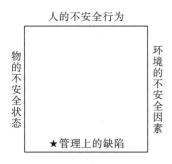

图 3-2　人、管理、物、环境之间相互牵连示意图(吴强等，2001)

　　总之，生产安全事故致因是人的因素、物的因素、环境因素、管理因素及其组合，由于管理是管理者进行的管理，环境可以归结于物中，因此从这个意义上讲，又可以将生产安全事故的形成归结为人和物两大系列运动的结果。另外，由于人和物的任何运动都是在一定的自然环境和社会环境中进行的，因此，在追踪人的不安全行为和物的不安全状态的形成原因时，应与对环境的分析结合起来进行研究，并充分考虑人、物、环境都是受管理因素支配的现实，才能把握生产安全事故形成的原理。

3.3　生产安全事故形成的基本过程

　　生产安全事故同其他事物一样，都有其形成、发展和消亡的过程。生产安全事故的形成与发展过程可以归纳为孕育、生长和发生三个阶段。

1. 生产安全事故的孕育阶段

孕育阶段是导致生产安全事故爆发的因素逐渐积累的阶段。此阶段具有如下特点：①无形性，人们可以感觉到生产安全事故正在形成，随时有发生的可能，但难以指出生产安全事故在什么时间、什么地点，以什么方式或形式发生；②潜伏性，没有诱发因素，生产安全事故不会发展和显现出来，它的发生造成的危害和损失无人知晓；③诱发性，事故隐患是否发展为事故，取决于是否存在诱发因素，诱发因素是由事故隐患发展成事故的导火索。

2. 生产安全事故的生长阶段

此阶段的管理缺陷和管理失误没有得到有效整改和及时纠正，人、物、环境等方面的不安全问题不仅没有得到有效的控制，而且还呈现进一步滋生、蔓延的趋势，生产经营系统中的事故隐患不断增长，生产安全事故发生的可能性逐渐增大，从而使生产安全事故从孕育阶段发展到生长阶段。

3. 生产安全事故的发生阶段

此阶段的事故隐患一旦受到某些人为的或环境的偶然因素的触发，就会发生事故，带来人员伤亡或经济损失或者两者同时出现。触发因素决定伤害和损失的程度，只有吸取教训，总结经验，提出改进措施，才可能防止同类事故的发生。

3.4　生产安全事故发生的基本原理

要揭示生产安全事故发生的原理，首先必须了解危险源、危险因素和事故隐患的含义，这是因为危险源及其管制措施决定危险因素的种类和性质，危险因素的种类和性质决定事故隐患的种类和性质，事故隐患决定事故是否发生及其严重程度。

所谓的危险源，是指一个系统中具有的潜在能量或危险物质释放危险的、可造成人员伤害的、在一定的触发因素作用下可转化为事故的部位、区域、场所、空间、岗位、设备及其位置。危险源的定义表明：①危险源是危险的根源；②危险源是相对于确定的系统而谈的，所处的区域与系统的范围有关；③危险源是事故发生的必要而非充分条件。

所谓的危险因素，是指劳动生产过程中可能造成人员伤亡、影响人体健康、导致疾病，或对物造成损害的物质条件及其本身具有的潜在破坏能量。危险因素的定义表明：①危险因素的存在是事故发生的必要条件，但不是事故发生的充分条件；②危险因素涉及的有害物质量的多少、有害性的高低、能量的大小直接决定它引发事故的严重程度；③危险因素是客观存在的，是不以人意志为转移的；④危险因素可以转化为事故，但其转化是有条件的。危险因素的产生原因主要来自两个方面：一是系统存在可能造成人员伤亡、健康损害、财产损毁、环境污染的能量或有害物质；二是控制能量或有害物质的约束条件遭到破坏或失效，导致能量和有害物质失去控制而意外释放。前者是危险因素产生的根本原因，也是最根本的危险因素；后者是决定危险发生的条件和可能性的主要因素，因此，能量或有害物质的失控也是主要的危险因素，主要体现在机器设备故障(或缺陷)、人的失误和管理缺陷或失误三个方面。

　　所谓的事故隐患，是指生产经营单位违反安全生产法律、法规、规章、标准、规范性文件的规定，或者在生产经营活动中存在可能导致事故发生的其他一切不安全因素。事故隐患的定义表明：事故隐患是生产安全事故得以滋生与存在的基础，是引发事故的直接原因；生产经营活动中存在的一切不安全因素都是事故隐患，它存在于企业的生产经营活动中，并随生产的产生而产生，随生产的发展而发展，从属于生产经营活动，它具有潜在性、偶然性、因果性等特征。

　　从危险源、危险因素、事故隐患和事故的含义与特征可以看出危险源、危险因素、事故隐患、事故间具有如下关系：

　　(1) 危险源是产生危险因素的根本原因，没有危险源就没有危险因素的存在；危险源管理不当就是事故隐患；危险源在特定因素激发下发生事故。

　　(2) 事故隐患由危险因素的积聚演变而来，当危险因素积聚到一定的程度，事故隐患便发展为事故，事故是危险因素积聚发展的必然结果。

　　(3) 危险源和事故隐患都能导致事故的发生，这是危险源和事故隐患的相同点，如图3-3 所示。

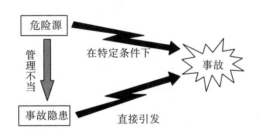

图 3-3　事故隐患与危险源的相同点

　　(4) 事故隐患是人为造成的，通过加强管理可以被去除；危险源是自然存在的、不可去除的。事故隐患与危险源的不同点如图 3-4 所示。

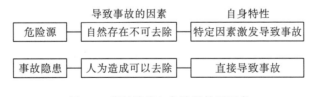

图 3-4　事故隐患与危险源的不同点

　　综合上述分析可知：危险源及其管制措施决定危险因素的种类和性质，对危险源的控制措施是否有效决定事故隐患的种类和性质，事故隐患决定事故是否发生及其严重程度，它们间的关系如图 3-5 所示。

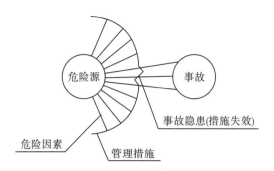

图 3-5　危险源、危险因素、事故隐患、事故间的关系

　　通过对危险源、危险因素、事故隐患的分析，可以初步得出结论：在生产过程中发生的安全事故都是由事故隐患转化而来的；事故隐患是伴随生产过程而存在的，它由物质危险因素和生产管理缺陷相互作用形成的。由此可见，物质危险因素(物质本身所固有的危险性和潜在的破坏能量)和管理者的控制因素(管理者对各种生产物质的控制能力)是造成生产安全事故发生的两个基本因素。生产安全事故发生原理就是揭示物质危险因素与管理者的控制因素在生产安全事故形成过程中相互作用关系的基本原理，其内容如下：

　　造成生产安全事故发生的物质危险因素和管理者的控制因素相互联系，相互影响，共同决定生产过程中是否存在事故隐患；一切生产安全事故都是由事故隐患转化而来的，事故隐患在某种激发因素(故障、人员失误、管理缺陷或失误、环境因素等)的作用下使物质危险因素失去控制，便促成生产安全事故的发生。生产安全事故发生原理可用下述公式表示：

事故隐患+触发因素=生产安全事故

　　生产安全事故发生的基本原理表明：

　　(1)物质危险因素是发生生产安全事故的物质条件。没有物质危险因素，即使管理者失控或存在外界因素(不良的作业环境、噪声、粉尘污染和其他自然现象等)也不会发生事故。因此，物质危险因素的存在只表明存在发生生产安全事故的可能性。

　　(2)管理者的失控或外界因素的影响是生产安全事故发生的激发条件。即使存在物质危险因素，只要管理者控制能力强、控制措施有效，就可以消除外界因素的影响，遏制或避免生产安全事故的发生。

　　(3)物质危险因素和管理者的失控或外界因素只是存在而没有互相发生作用，也不会发生生产安全事故。物质危险因素和管理者的失控同时存在的状态就是事故隐患，事故隐患的存在并不意味着一定发生生产安全事故，只有既同时存在物质危险因素和管理者失控因素或外界因素，又存在管理者失控或外界因素作用于物质危险因素，才会导致事故的发生。

　　从生产安全事故发生的基本原理可以看出，物质危险因素与生产管理上的缺陷、漏洞，虽然不是必然导致生产安全事故的发生，但必须清楚地认识到：生产安全事故的严重程度与物质危险因素的大小成正比，生产安全事故的发生频率则与管理上的缺陷、漏洞的多少和作用时间成正比。因此，管理者对物质危险因素的有效控制，有助于预防生产安全事故，造福于人类，而消极、无效的控制行为可能给国家、集体、员工、群众带来巨大的灾难和损失。

3.5   生产安全事故致因关键因素的提取及其结构分析

3.5.1   生产安全事故致因关键因素的提取原则

生产安全事故致因关键因素的提取是指从生产安全事故所有可能致因因素中找出对生产安全事故的形成起关键作用的致因因素,为揭示生产安全事故的形成机理奠定基础,为生产安全事故的预防提供依据。生产安全事故致因关键因素的提取是否有效取决于生产安全事故致因因素集的选取是否完备(是否包含导致生产安全事故发生的所有致因因素)和提取关键因素的方法是否科学、有效两个方面。为确保生产安全事故致因因素提取的有效性,生产安全事故致因关键因素提取应遵循以下原则:

(1)系统性原则,是指生产安全事故致因因素集应包括导致生产安全事故发生的各方面的危险因素,应全面反映生产经营系统的安全状态。生产安全事故致因因素集的因素筛选不全面、不系统,可能导致关键致因因素的提取方法即使是科学的、有效的,也不能保证提取到的事故致因因素一定是关键致因因素,即使是提取到了一些关键致因因素,也可能漏掉某些关键致因因素。

(2)简明性原则,是指生产安全事故致因因素的筛选应尽量减少因素间的交叉重复、数量适当。因素间的交叉重复和因素的个数较大,一方面会增加因素间关系分析的复杂程度和计算工作量,另一方面难以深入揭示生产安全事故形成过程各事故致因因素间的作用机理。

(3)层次性原则,是指在筛选生产安全事故致因因素时应初步确认生产安全事故致因因素的层次,以确保相同层级的生产安全事故致因因素在事故形成系统中具有相同的地位和作用。

(4)动态性原则,是指随着生产经营系统内外环境的变化,生产安全事故的致因因素也在变化,应根据生产经营系统的演化进程,及时对生产安全事故的致因因素进行适当的增减,以确保生产安全事故致因因素集的动态协调性。一般而言,处于较高层次的生产安全事故致因因素对大多数事故形成系统具有普适性,变化不大,对处于较低层次的事故致因因素才需要根据生产经营系统的实际运行情况进行较频繁的调整。

(5)科学性原则,是指生产安全事故致因关键因素的提取应采用定性分析与定量分析相结合的分析方法,力求提取方法科学、实用。

另外,需要指出的是:一般性事故致因因素对于大多数生产经营系统都是适用的,但在分析具体的生产经营系统的事故形成机理时,应根据该生产经营系统的特殊性,增减反映该生产经营系统安全状态的事故致因的专用因素,以使揭示的事故规律能用于指导同类事故的预防。

3.5.2   生产安全事故致因关键因素的提取思路

生产安全事故致因关键因素提取的基本思路为:首先根据事故致因理论的分析成果、

事故统计资料分析结果，咨询专家、安全管理人员、工程技术人员、现场操作人员确定生产安全事故致因因素集，然后将生产安全事故致因因素两两进行影响程度分析，将分析结果写成矩阵的形式，即建立生产安全事故致因因素的直接影响矩阵。建立直接影响矩阵后，先对直接影响矩阵进行规范化处理，再计算综合影响矩阵，据此计算生产安全事故致因因素的中心度和原因度，并根据生产安全事故致因因素的中心度的大小提取生产安全事故致因关键因素，中心度越大，其对应生产安全事故致因因素越重要，越是关键因素。

3.5.3　生产安全事故致因关键因素的提取步骤

根据生产安全事故致因关键因素的提取原则和思路，生产安全事故致因关键因素的提取步骤如下：

第一步，筛选、确定生产安全事故致因因素 $e_i\ (i = 1,\ 2,\ \cdots,\ n)$，建立生产安全事故致因因素集 $A = \{e_1,\ e_2,\ \cdots,\ e_n\}$。

根据事故致因理论，生产安全事故的致因因素主要来自人、机、物、环、管方面的不安全因素，本书将机与物结合在一起，统称为物的因素，并把生产安全事故致因因素归纳为人的不安全行为、物的不安全状态、环境的不良条件和管理失误或缺陷 4 大类。首先从生产安全事故的统计资料出发，统计历年生产安全事故致因因素在人的不安全行为、物的不安全条件、环境的不良条件和管理失误或缺陷方面的发生情况，得到生产安全事故致因的初步因素集。然后在此基础上，咨询安全管理和研究专家、安全管理人员、工程技术人员、现场操作人员对生产安全事故致因的初步因素集进行完善，得到最终的生产安全事故致因因素集。

本书在文献调研、生产安全事故典型案例分析和咨询相关人员的基础上，对生产安全事故的 4 个致因因素细分如下：

(1)将人的不安全行为细分为疏忽性失误、操作性失误、多余性失误、时间性失误和风险性失误 5 类。

①疏忽性失误(e_1)。疏忽性失误是指由于遗漏或遗忘造成的失误。例如，忽视安全规程、忽视警告等。

②操作性失误(e_2)。操作性失误是指由于操作不当而造成的失误。例如，操作错误、调整错误、违反操作规程、下意识的动作、手工代替工具操作、人为造成安全装置失效等。

③多余性失误(e_3)。多余性失误是指完成了不应该完成的任务。例如，将安全保护装置拆掉等。

④时间性失误(e_4)。时间性失误是指未按规定时间操作或反应。例如，时间规定超差、对意外事件反应超过规定时间、未按规定顺序时间进行操作等。

⑤风险性失误(e_5)。风险性失误是指未能意识到风险，或对风险情况估计不足。例如，成品、半成品、材料、工具等物品存放不当；冒险进入危险场所等。

(2)将物的不安全状态细分为设备、设施、工具等不符合安全要求；防护、保险等装置不符合安全要求；防护用品、用具等不符合安全要求；物品贮存、保管等不符合安全要求 4 类。

①设备、设施、工具等不符合安全要求(e_6)。如设计不当、结构不合理、强度不够、设备非正常状态下运行、设备带"病"违规运转、设备维修和调整不当等。

②防护、保险等装置不符合安全要求(e_7)。如无防护、防护不当等。

③防护用品、用具等不符合安全要求(e_8)。如无防护用品和用具、防护用品和用具有缺陷。

④物品贮存、保管等不符合安全要求(e_9)。如物品贮存方法不安全、保管方式、方法不当等。

(3) 将环境的不良条件细分为作业场所缺陷、作业方法缺陷和外部环境缺陷 3 类。

①作业场所缺陷(e_{10})。比如照明光线不良、烟雾尘弥漫、通风不良、场所狭窄、混乱、地面滑等。

②作业方法缺陷(e_{11})。比如使用不适当的机械装置、使用不适当的工具、工艺和作业程序有误等。

③外部环境缺陷(e_{12})。交通危险、原材料缺陷、大风、暴雨、雷电、高温、冰雪、地形等。

(4) 将管理失误或缺陷细分为技术管理缺陷、人员管理缺陷、劳动组织不合理、现场管理缺陷、安全管理缺陷和作业者自身缺陷 6 类。

①技术管理缺陷(e_{13})。如对工业建筑、构筑物、机械设备、仪器仪表等生产设施、设备的结构、技术、设计上存在的问题，采取的技术管理措施不到位；生产工艺流程、操作方法、维护检修等不规范、不合理；对作业环境的安排不合理、缺少可靠的防护装置等问题未给予足够的重视。

②人员管理缺陷(e_{14})。如对作业者缺乏必要的考核、选拔、教育和培训，对作业任务和作业人员的安排等方面存在缺陷。

③劳动组织不合理(e_{15})。如劳动组织结构不合理、作业程序不科学、劳动定员与岗位人员需求不匹配、劳动定额与员工的能力不匹配等问题。

④现场管理缺陷(e_{16})。如对人(作业人员和管理人员)、机(机器、设备等)、料(原材料)、法(加工方法、操作方法等)、环(工作环境)、信息的计划、组织、协调和控制缺乏有效的检查和指导或错误指导、事故防范措施不到位等。

⑤安全管理缺陷(e_{17})。如安全管理组织不健全、人员不落实、目标不明确、规章制度不健全；安全责任不落实、培训不到位、事故隐患整改不及时等。

⑥作业者自身缺陷(e_{18})。指作业者身体上、精神上的缺陷，如疾病、听力、视力衰退、疲劳过度等。

由此得到生产安全事故致因因素集为：$A = \{e_1, e_2, \cdots, e_{18}\}$，对于具体的生产安全事故的致因因素集，应根据生产安全事故的具体情况进行具体分析，对生产安全事故致因因素集 A 的元素进行增减。

第二步，咨询专家，建立生产安全事故致因因素的直接影响矩阵 $\boldsymbol{B} = (b_{ij})_{n \times n}$。

根据事先确定的生产安全事故致因因素影响关系的评价标准(表 3-1)，邀请相关专家对生产安全事故致因因素间的影响程度作出判断，将判断结果写成矩阵形式，即建立直接影响矩阵。

表 3-1 生产安全事故致因因素影响关系评价标准

标度	定义	说明
0	无影响	致因因素 e_i 对致因因素 e_j 没有影响，$b_{ij} = 0$
1	弱影响	致因因素 e_i 对致因因素 e_j 有弱影响，$b_{ij} = 1$
2	一般影响	致因因素 e_i 对致因因素 e_j 有一般影响，$b_{ij} = 2$
3	强影响	致因因素 e_i 对致因因素 e_j 有强影响，$b_{ij} = 3$
4	较强影响	致因因素 e_i 对致因因素 e_j 有较强影响，$b_{ij} = 4$

注：由于生产安全事故致因因素间相互影响程度不一定是等同的，所以在一般情况下 $b_{ij} \neq b_{ji}$；另外，当 $i=j$ 时，约定 $b_{ii} = 0$。

设一共邀请了 K 个专家对生产安全事故致因因素的影响程度进行评价，其中第 k 个专家给出的第 i 个生产安全事故致因因素 e_i 对第 j 个生产安全事故致因因素 e_j 的影响程度评价值为 $b_{ij}^k (k = 1, 2, \cdots, K; i, j = 1, 2, \cdots, n)$，即第 k 个专家根据自身的经验给出的生产安全事故致因因素的直接影响矩阵为 $\boldsymbol{B}^k = (b_{ij}^k)_{n \times n}$。运用算术平均法(或采用其他的数据集结方法，比如采用 OWA 算子)对 K 个专家的评价结果进行集结，以消除初始直接影响矩阵 $\boldsymbol{B}^k = (b_{ij}^k)_{n \times n}$ 中的专家个体认知的差异，为此令：

$$b_{ij} = \frac{1}{K} \sum_{k=1}^{K} b_{ij}^k \qquad (i, j = 1, 2, \cdots, n) \tag{3-1}$$

以 b_{ij} 为元素的矩阵 $\boldsymbol{B} = (b_{ij})_{n \times n}$ 就是所求生产安全事故致因因素的直接影响矩阵：

$$\boldsymbol{B} = \begin{pmatrix} 0 & b_{12} & \cdots & b_{1n} \\ b_{21} & 0 & \cdots & b_{2n} \\ \vdots & \vdots & & \vdots \\ b_{n1} & b_{n2} & \cdots & 0 \end{pmatrix}$$

其中，b_{ij} 表示生产安全事故致因因素 e_i 对致因因素 e_j 的平均直接影响强度。

第三步，对生产安全事故致因因素的直接影响矩阵 $\boldsymbol{B} = (b_{ij})_{n \times n}$ 进行规范化处理，得到规范化直接影响矩阵 $\boldsymbol{C} = (c_{ij})_{n \times n}$。

$$\boldsymbol{C} = \frac{1}{S} \times \boldsymbol{B} \tag{3-2}$$

其中，$S = \max \left\{ \max_{1 \leq i \leq n} \sum_{j=1}^{n} b_{ij}, \max_{1 \leq j \leq n} \sum_{i=1}^{n} b_{ij} \right\}$，规范化直接影响矩阵 $\boldsymbol{C} = (c_{ij})_{n \times n}$ 的元素均在 0~1 取值。

第四步，计算生产安全事故致因因素的综合影响矩阵 $\boldsymbol{T} = (t_{ij})_{n \times n}$。

生产安全事故致因因素规范化直接影响矩阵 $C = (c_{ij})_{n \times n}$ 仅仅表示了生产安全事故致因因素间的直接影响，而在实际问题中生产安全事故致因因素间的影响不仅有直接影响，而且还有间接影响。综合影响矩阵是生产安全事故致因因素间的直接影响和间接影响的累加，由于直接影响矩阵为 C，一阶间接影响矩阵为 C^2，二阶间接影响矩阵为 C^3，$n\text{-}1$ 阶（n 个元素间的间接影响最多只有 $n\text{-}1$ 阶）间接影响矩阵为 C^n，因此生产安全事故致因因素的综合影响矩阵 $T = (t_{ij})_{n \times n}$ 为

$$T = C + C^2 + \cdots + C^n = \sum_{i=1}^{n} C^i \tag{3-3}$$

另外，由于 $0 < c_{ij} < 1$，当 $n \to \infty$ 时，$C^n \to 0$，所以当 n 相当大时，可采用如下的近似计算公式计算综合影响矩阵 $T = (t_{ij})_{n \times n}$：

$$T = C(I - C)^{-1} \tag{3-4}$$

其中，I 为单位矩阵。

第五步，计算生产安全事故各致因因素的影响度 f_i 和被影响度 $d_i, i = 1, 2, \cdots, n$。

影响度 f_i 表示生产安全事故致因因素 e_i 对生产安全事故的其他所有致因因素的综合影响程度（包括直接影响和间接影响），其计算公式为

$$f_i = \sum_{j=1}^{n} t_{ij} \qquad (i = 1, 2, \cdots, n) \tag{3-5}$$

被影响度 d_i 表示生产安全事故致因因素 e_i 受生产安全事故的其他所有致因因素的综合影响程度（包括直接影响和间接影响），其计算公式为

$$d_i = \sum_{j=1}^{n} t_{ji} \qquad (i = 1, 2, \cdots, n) \tag{3-6}$$

第六步，计算生产安全事故各致因因素的中心度 M_i 和原因度 $N_i, i = 1, 2, \cdots, n$。

中心度 M_i 表示生产安全事故致因因素 e_i 对生产安全事故的其他所有致因因素的影响以及生产安全事故其他致因因素对致因因素 e_i 的影响，其数值的大小反映了生产安全事故致因因素 e_i 在生产安全事故所有致因因素中的重要性，中心度越大，对应的致因因素就越重要，计算公式为

$$M_i = f_i + d_i \qquad (i = 1, 2, \cdots, n) \tag{3-7}$$

原因度 N_i 表示生产安全事故致因因素 e_i 对生产安全事故的其他所有致因因素的纯粹影响，其数值若为正，则表示生产安全事故致因因素 e_i 对生产安全事故的其他致因因素的影响较大，称为原因因素；其数据若为负，则表示生产安全事故致因因素 e_i 受生产安全事故的其他致因因素的影响较大，称为结果因素。原因度 N_i 的计算公式为

$$N_i = f_i - d_i \qquad (i = 1, 2, \cdots, n) \tag{3-8}$$

第七步，根据生产安全事故各致因因素的中心度 M_i 的大小提取生产安全事故致因关键因素。

根据生产安全事故各致因因素的中心度 M_i 的大小提取生产安全事故致因关键因素的步骤为：①确定提取生产安全事故致因关键因素的阈值 λ；②提取生产安全事故致因关键因素，若 $M_i \geq \lambda$，则生产安全事故致因因素 e_i 就为致因关键因素；③调整致因关键因素，

根据研究的目的、研究的详细程度，调整 λ 的取值大小（以使需要考察的生产安全事故致因关键因素在所提取的致因关键因素集中），返回①重新提取致因关键因素，直到提取到生产安全事故的致因关键因素为止。

3.5.4　生产安全事故致因关键因素的结构分析

生产安全事故致因关键因素结构分析是指分析生产安全事故致因关键因素间的影响关系和层次关系，以进一步揭示生产安全事故致因关键因素间的作用机理。本书以生产安全事故致因因素的综合影响矩阵 $\boldsymbol{T} = (t_{ij})_{n \times n}$ 为基础，运用解释结构模型（interpretative structural modeling，ISM）分析技术分析生产安全事故致因关键因素的结构，具体分析步骤如下。

第一步，计算生产安全事故致因关键因素的综合影响矩阵 $\boldsymbol{T}^* = (t_{ij}^*)_{m \times m}$。

设从生产安全事故的 n 个致因因素中提取到了 m 个致因关键因素组成的集合为 A^*，删除生产安全事故致因因素的综合影响矩阵 $\boldsymbol{T} = (t_{ij})_{n \times n}$ 中致因非关键因素的行和列，剩下的元素所组成的矩阵就是生产安全事故致因关键因素的综合影响矩阵 $\boldsymbol{T}^* = (t_{ij}^*)_{m \times m}$。

第二步，计算生产安全事故致因关键因素的整体影响矩阵 $\boldsymbol{H} = (h_{ij})_{m \times m}$，以确定生产安全事故致因关键因素间的关联关系。

生产安全事故致因关键因素的整体影响矩阵 $H = (h_{ij})_{m \times m}$ 是单位矩阵与生产安全事故致因关键因素的综合影响矩阵 $\boldsymbol{T}^* = (t_{ij}^*)_{m \times m}$ 的和，即

$$H = I + T^* \tag{3-9}$$

式中，$\boldsymbol{I}$ 是 $m \times m$ 的单位矩阵。生产安全事故致因关键因素的整体影响矩阵 $\boldsymbol{H} = (h_{ij})_{m \times m}$ 的元素表示了生产安全事故致因关键因素间的关联关系，若 $h_{ij} > 0$，则表示生产安全事故致因关键因素 e_i 与 e_j 有关联关系；反之，即 $h_{ij} = 0$，就表示生产安全事故致因关键因素 e_i 与 e_j 没有关联关系。

第三步，计算生产安全事故致因关键因素的可达矩阵 $\boldsymbol{D} = (d_{ij})_{m \times m}$。

对给定的阈值 σ，按下面方法计算可达矩阵的元素 d_{ij}：

$$d_{ij} = \begin{cases} 1, & \text{当 } h_{ij} \geqslant \sigma \text{ 时} \\ 0, & \text{当 } h_{ij} < \sigma \text{ 时} \end{cases} \quad (i, j = 1, 2, \cdots, m) \tag{3-10}$$

阈值 σ 的不同取值将影响可达矩阵的构成及后续的层次结构的划分，一般可根据刻画生产安全事故致因关键因素的结构的精细程度要求进行确定。

第四步，分别计算可达集 R_i、前因集 S_i 和最高级因素集 R_i，对生产安全事故致因关键因素进行层次划分。

可达集 R_i 是可达矩阵 $\boldsymbol{D} = (d_{ij})_{m \times m}$ 第 i 行中取值为 1 的元素所在列对应的元素组成的集合，它表示生产安全事故致因关键因素 e_i 所能影响到的元素组成的集合，其计算公式为

$$R_i = \left\{ e_j \mid e_j \in A^*, \text{且 } d_{ij} = 1 \right\} \quad (i = 1, 2, \cdots, m) \tag{3-11}$$

前因集 S_i 是可达矩阵 $\boldsymbol{D} = (d_{ij})_{m \times m}$ 第 i 列中取值为 1 的元素所在行对应的元素组成的集合，它表示对第 i 个生产安全事故致因关键因素 e_i 能施加影响的元素组成的集合，其计算公式为

$$S_i = \left\{ e_j \,\middle|\, e_j \in A^*, \text{且} \, d_{ji} = 1 \right\} \qquad (i = 1, 2, \cdots, m) \qquad (3\text{-}12)$$

若 $R_{i^*} = R_{i^*} \cap S_{i^*}$，其中 $i^* = 1, 2, \cdots, m$，则称 R_{i^*} 为最高级因素集。由 R_{i^*} 的定义知，R_{i^*} 以外的其他生产安全事故致因关键因素可能到达 R_{i^*} 中的致因因素，但从 R_{i^*} 中的致因因素却不能到达 R_{i^*} 以外的其他生产安全事故致因关键因素，正因为如此，才称 R_{i^*} 为最高级因素集。

对每一个生产安全事故致因关键因素 e_i，判断 $R_i = R_i \cap S_i$ 是否成立，若成立，生产安全事故致因关键因素 e_i 就是最高层生产安全事故致因关键因素，所有最高层生产安全事故致因关键因素便构成了生产安全事故致因关键因素层次结构模型的第一层。

第五步，划掉可达矩阵 $\boldsymbol{D} = (d_{ij})_{m \times m}$ 中生产安全事故致因关键因素层次结构模型第一层的因素所对应的行和列，得到新的可达矩阵 $\boldsymbol{D}'$。

第六步，返回第四步和第五步，直到划掉可达矩阵 $\boldsymbol{D} = (d_{ij})_{m \times m}$ 的所有元素为止。

第七步，绘制生产安全事故致因关键因素的递阶层次结构图。

生产安全事故致因关键因素的递阶层次结构图是以生产安全事故致因关键因素为节点，以表示生产安全事故致因关键因素间的影响关系的有向边为弧的网络结构图，具体绘制步骤如下：

(1) 根据生产安全事故致因关键因素的划掉顺序，依次描出第一层、第二层……的生产安全事故致因关键因素所对应的节点。

(2) 依次画出从第 i 个生产安全事故致因关键因素 $e_i (i = 1, 2, \cdots, m)$ 所对应的节点到表示可达矩阵 $\boldsymbol{D}$ 第 i 行中取值为 1 的元素所在列对应的生产安全事故致因关键因素的节点的有向边。

生产安全事故致因关键因素递阶层次结构图表示了生产安全事故有哪些致因关键因素 (递阶层次结构图的节点所对应的生产安全事故致因因素)，以及生产安全事故致因关键因素的作用关系 (从节点 e_i 到节点 e_j 的有向边表示了生产安全事故致因因素 e_i 对生产安全事故致因因素 e_j 有影响)，在一定程度上揭示了生产安全事故致因因素的作用机理。

3.6　生产安全事故致因机理突变模型的构建与分析

3.6.1　突变理论

1. 突变理论简介

突变理论是以拓扑学为工具，以结构稳定性理论、奇点理论为基础，描述、预测和控制突变现象的理论。突变现象是指事物一瞬间从一种形态变化为另一种性质截然不同的形

态的现象，比如地震的发生、房屋的倒塌、交通安全事故的发生、经济危机的出现等。

突变理论起源于 20 世纪 60 年代末，由法国数学家、斯特拉斯堡大学教授勒内•托姆(René Thom)创立。勒内•托姆教授为了解释胚胎学中的成胚过程，于 1967 年发表《形态发生动力学》一文，初步阐述了突变论的基本思想；于 1969 年发表《生物学中的拓扑模型》，为突变理论的创立奠定了理论基础；于 1972 年出版了专著《结构稳定与形态发生学》，对突变理论进行了明确且系统的阐述。《结构稳定与形态发生学》的出版标志着突变理论这一崭新数学分支的诞生。正由于在突变理论方面的杰出贡献，勒内•托姆教授于 1958 年获得了当代国际数学界的最高奖——菲尔兹奖。

2. 突变理论的基本思想及数学方法

勒内•托姆创立的突变理论只研究连续作用导致的不连续效果，描述了质变可以通过飞跃和渐变两种方式实现，并给出实现这两种质变方式的条件和范围。初等突变理论研究的对象是势系统，所谓的势系统，是指具有采取某种走向的能力或从一种状态变化到另一种状态的能力的系统。系统的势是系统的状态变量(内部变量)的函数，假设系统有 n 个状态变量 $x_1, x_2, \cdots, x_n$，用向量表示为 $\boldsymbol{X} = (x_1, x_2, \cdots, x_n)$，则系统的势函数表达式的一般形式为

$$V(\boldsymbol{X}) = V(x_1, x_2, \cdots, x_n) \tag{3-13}$$

另外，环境对系统的影响和制约通过控制变量(外部参量)发挥作用。不同的控制变量的作用下形成多个势函数，叫作势函数族。假设系统受到 m 个控制变量 $c_1, c_2, \cdots, c_m$ 的控制，用向量表示为 $\boldsymbol{C} = (c_1, c_2, \cdots, c_m)$，则势函数族表达式的一般形式为

$$V(\boldsymbol{X}, \boldsymbol{C}) = V(x_1, x_2, \cdots, x_n; c_1, c_2, \cdots, c_m) \tag{3-14}$$

由于势函数 $V(\boldsymbol{X}, \boldsymbol{C})$ 包含了系统内部各部分之间、系统与环境之间相互作用的全部信息，因此对系统的结构、性能和演化机理的研究都可归结为对势函数的研究。

勒内•托姆的突变理论告诉我们：不同性质的突变不是由状态变量决定的，而是由控制变量的数目决定的。根据托姆分类定理知，当控制变量的数目 $m \leqslant 5$ 时，自然界和社会生活中的各种各样的突变过程都可用 11 种突变模型去描述，如表 3-2 所示；当控制变量的数目 $m \leqslant 4$ 时，可用 7 种最基本的突变模型去描述自然界和社会生活中的各种突变过程。

表 3-2　托姆有关于初等突变的完备分类

名称	状态维数	控制维数	势函数表达式
折叠	1	1	$V(x) = x^3 + c_1 x$
尖点	1	2	$V(x) = \pm x^4 + c_1 x^2 + c_2 x$
燕尾	1	3	$V(x) = x^5 + c_1 x^3 + c_2 x^2 + c_3 x$
蝴蝶	1	4	$V(x) = \pm x^6 + c_1 x^4 + c_2 x^3 + c_3 x^2 + c_4 x$
印第安人茅舍	1	5	$V(x) = x^7 + c_1 x^5 + c_2 x^4 + c_3 x^3 + c_4 x^2 + c_5 x$
椭圆脐	2	3	$V(x, y) = -y^3 + x^2 y + c_1 y^2 + c_2 x + c_3 y$

续表

名称	状态维数	控制维数	势函数表达式
双曲脐	2	3	$V(x, y) = x^3 + y^3 + c_1 xy - c_2 x - c_3 y$
抛物脐	2	4	$V(x, y) = y^4 + x^2 y + c_1 x^2 + c_2 y^2 - c_3 x - c_4 y$
第二椭圆型脐点	2	5	$V(x, y) = -y^5 + x^2 y + c_1 y^3 + c_2 y^2 + c_3 x^2 + c_4 x + c_5 y$
第二双曲型脐点	2	5	$V(x, y) = y^5 + x^2 y + c_1 y^3 + c_2 y^2 + c_3 x^2 + c_4 x + c_5 y$
符号脐点	2	5	$V(x, y) = \pm y^4 + x^3 + c_1 xy^2 + c_2 y^2 + c_3 xy + c_4 x + c_5 y$

由于归属于同一突变模型的突变现象具有共同的本质特征——突变集合是微分同胚的，因此可以把各种突变现象按照典型突变进行分类，属于同一类的突变现象必然有某种内在的联系，即如果一个典型突变具有某种特征，人们就有理由指望另一与典型突变同类的非典型突变也具有此特征，并将表现出此特征，进而判断其他类型的突变不可能出现，这便是预见突变的方法；反之，若某一非典型突变表现的特征与某一典型突变表现的特征相同，则可以将该非典型突变归入这一典型突变之中，这便是类比的方法。突变理论的基本思想是用典型的突变模型去逼近真实的系统，其基本过程如下：

(1) 分析系统的运行情况，确定刻画系统状态的状态变量 $(x_1, x_2, \cdots, x_n)$ 和控制系统状态的控制变量 $(c_1, c_2, \cdots, c_m)$。选择对系统不连续性有重要影响的变量，略去次要的影响因素。

(2) 确定描述系统状态的势函数 $V(\boldsymbol{X}, \boldsymbol{C})$。要求系统平衡态 $(x_1, x_2, \cdots, x_n)$ 应使势函数 $V(\boldsymbol{X}, \boldsymbol{C})$ 取最小值。

(3) 确定系统所有可能出现的平衡态构成空间，即如下方程组的解空间 M_V。

记 $\mathrm{grad}_x V = \left(\dfrac{\partial V}{\partial x_1}, \dfrac{\partial V}{\partial x_2}, \cdots, \dfrac{\partial V}{\partial x_n} \right)$，则 M_V 为

$$M_V = \left\{ (\boldsymbol{X}, \boldsymbol{C}) \middle| \mathrm{grad}_x V = 0 \in R^n \right\} \tag{3-15}$$

(4) 确定突变可能发生的范围，即确定分歧集。先求 M_V 到 R^m 的投影 $X_V : M_V \to R^m$，记 X_V 的奇点集为 $N = \left\{ (x_1, x_2, \cdots, x_n; c_1, c_2, \cdots, c_m) | V(\boldsymbol{X}, \boldsymbol{C})$ 的海森矩阵的行列式 $= 0 \right\}$，再求 R^m 中的 $X_V(N)$，$X_V(N)$ 就是所求的分歧集，即突变可能发生的范围。

3. 初等突变类型及其数学模型

勒内·托姆指出，当控制变量的个数 $m \leqslant 4$ 时，只存在如下 7 种初等突变类型：

(1) 尖点突变：尖点突变的数学模型中有一个状态变量 x，有两个控制变量 c_1、c_2，其对应的势函数族为

$$V\left(x : c_1, c_2 \right) = x^4 + c_1 x^2 + c_2 x \tag{3-16}$$

它的平衡曲面由 $V'\left(x : c_1, c_2 \right) = 0$ 确定，即

$$4x^3 + 2c_1 x + c_2 = 0 \tag{3-17}$$

平衡曲面方程(3-17)是一个一元三次方程，它的实根判别式为

$$\Delta = \left(\frac{c_2}{8}\right)^2 + \left(\frac{c_1}{6}\right)^3 \tag{3-18}$$

当 $\Delta > 0$ 时，有一个实根和两个复根；当 $\Delta = 0$ 时，有三个实根，若 $\left(\frac{c_2}{8}\right)^2 = -\left(\frac{c_1}{6}\right)^3 \neq 0$，则三个实根中有两个相等；若 $\left(\frac{c_2}{8}\right)^2 = -\left(\frac{c_1}{6}\right)^3 = 0$，则有一个三重零根；当 $\Delta < 0$ 时，有三个不相等的实根。因此，当 $\Delta > 0$ 时，系统有一个平衡位置，在 (c_1, c_2) 平面上，由 $\left(\frac{c_2}{8}\right)^2 + \left(\frac{c_1}{6}\right)^3 < 0$ 形成的区域为稳定区域；当 $\Delta \leqslant 0$ 时，系统有三个平衡位置，在 (c_1, c_2) 平面上，由 $\left(\frac{c_2}{8}\right)^2 + \left(\frac{c_1}{6}\right)^3 < 0$ 形成的区域为不稳定区域。

对式(3-17)两边分别求导，即 $V''\left(x : c_1, c_2\right) = 0$，得奇点集 Σ 满足的 e 方程式：

$$12x^2 + 2c_1 = 0 \tag{3-19}$$

奇点集 $\Sigma = \left\{\left(x, c_1, c_2\right) \mid V''\left(x : c_1, c_2\right) = 0, x, c_1, c_2 \in R\right\}$。联立式(3-17)和式(3-19)，消去式中的状态变量可得尖点突变的分歧点集 B 满足的方程：

$$8c_1^3 + 27c_2^2 = 0 \tag{3-20}$$

分歧点集 $B = (c_1, c_2) \mid 8c_1^3 + 27c_2^2 = 0$，它给出了系统可能发生突变的范围，其形状是一个尖角形。当 $8c_1^3 + 27c_2^2 = 0$ 时，由于平衡曲面方程的实根判别式 $\Delta = 0$，故平衡曲面方程有三个实根，它们分别是 $x_1 = -\sqrt[3]{c_2}$，$x_2 = \sqrt[3]{\frac{c_2}{8}}$，$x_3 = \sqrt[3]{\frac{c_2}{8}}$。当控制变量 c_1、c_2 穿过分歧点集 B 时，状态变量 x 从稳定状态 x_1 突然变到不稳定状态 x_2，突变值为

$$\Delta x = x_2 - x_1 = \sqrt[3]{\frac{c_2}{8}} - \left(-\sqrt[3]{c_2}\right) = \frac{3}{2}\sqrt[3]{c_2}$$

突变值 Δx 的大小反映了突变的程度，上述分析表明：当尖点突变的平衡曲面方程具有三个实根时才会发生突变值，其值发生剧烈变化时代表发生了突变。

分歧点集方程的分解形式可以写成如下的形式：

$$c_1 = -6x^2, \quad c_2 = 8x^3$$

(2)折叠突变。折叠突变的数学模型中只有一个状态变量 x，一个控制变量 c_1，其对应的势函数族为

$$V\left(x : c_1\right) = x^3 + c_1 x \tag{3-21}$$

它的平衡曲面方程为

$$V'\left(x : c_1\right) = 3x^2 + c_1 = 0 \tag{3-22}$$

这时的平衡曲面已退化为抛物线。奇点集方程为

$$V''\left(x : c_1\right) = 6x = 0 \tag{3-23}$$

这时奇点集只包含一个点 $(0, 0)$，分歧点集方程为 $c_1 = 0$，故分歧点集 B 为一个点，即

$c_1 = 0$。当 $c_1 < 0$ 时，折叠突变模型的曲面方程有两个实根，即 $x_1 = \sqrt{\dfrac{-c_1}{3}}$ 和 $x_2 = -\sqrt{\dfrac{-c_1}{3}}$，$x_1$ 是状态变量 x 的极大值，x_2 是状态变量 x 的极小值。分歧点集 B 把控制空间分成两个区域：当 $c_1 > 0$ 时，势函数 $V(x : c_1)$ 没有临界点，对应一个空状态；当 $c_1 < 0$ 时，势函数 $V(x : c_1)$ 有两个临界点，一个极小值点和一个极大值点。极小值点处于稳定平衡，极大值点处于稳定平衡。上面的讨论与分析表明：折叠型突变的平衡曲面是抛物线，一半是稳定状态，另一半是不稳定状态，分歧集是一个孤立点集，当控制变量 c_1 由负半轴朝正半轴方面移动时，在 $c_1 = 0$ 处发生突变。

(3)燕尾突变。燕尾突变的数学模型中控制变量有 3 个，分别记为 c_1、c_2 和 c_3，一个状态变量为 x，其对应势函数族为

$$V\left(x : c_1,\ c_2,\ c_3\right) = x^5 + c_1 x^3 + c_2 x^2 + c_3 x \tag{3-24}$$

它的平衡曲面是一个超曲面，其方程为

$$5x^4 + 3c_1 x^2 + 2c_2 x + c_3 = 0 \tag{3-25}$$

奇点集为

$$20x^3 + 6c_1 x + 2c_2 = 0 \tag{3-26}$$

将平衡曲面函数与奇点集函数联立起来消去状态变量 x，即可得到其分歧点集。

(4)蝴蝶突变。蝴蝶突变数学模型中有 4 个控制变量，分别记为 c_1、c_2、c_3 和 c_4，有一个状态变量，记为 x，其对应的势函数族为

$$V(x) = x^6 + c_1 x^4 + c_2 x^3 + c_3 x^2 + c_4 x \tag{3-27}$$

它的平衡曲面是一个超曲面，其方程为

$$6x^5 + 4c_1 x^3 + 3c_2 x^2 + 2c_3 x + c_4 = 0 \tag{3-28}$$

奇点集为

$$30x^4 + 12c_1 x^2 + 6c_2 x + 2c_3 = 0 \tag{3-29}$$

(5)椭圆型脐点突变。椭圆脐点突变数学模型中有 3 个控制变量，分别记为 c_1、c_2 和 c_3；有两个状态变量，分别记为 x、y，其势函数为

$$V(x,\ y) = \frac{1}{3} x^3 - xy^2 + c_1(x^2 + y^2) - c_2 x + c_3 y \tag{3-30}$$

它的平衡曲面是超曲面，其超曲面方程为

$$\begin{cases} x^2 - y^2 + 2c_1 x - c_2 = 0 \\ -2xy + 2c_1 y + c_3 = 0 \end{cases} \tag{3-31}$$

(6)双曲型脐点突变。双曲型脐点突变数学模型中有 3 个控制变量，分别记为 c_1、c_2 和 c_3；有两个状态变量，分别记为 x、y，其对应的势函数族为

$$V(x,\ y) = x^3 + y^3 + c_1 xy - c_2 x - c_3 y \tag{3-32}$$

其超曲面方程为

$$\begin{cases} 3x^2 + 2c_1 y - c_2 = 0 \\ 3y^2 + 2c_1 x - c_3 = 0 \end{cases} \tag{3-33}$$

（7）抛物型脐点突变。抛物型脐点突变数学模型中有 4 个控制变量，分别记为 c_1、c_2、c_3 和 c_4；有两个状态变量，分别记为 x、y，其对应的势函数族为

$$V(x, y) = y^4 + x^2 y + c_1 x^2 + c_2 y^2 - c_3 x - c_4 y \tag{3-34}$$

其超曲面方程为

$$\begin{cases} 2xy + 2c_1 x - c_3 = 0 \\ x^2 + 4y^3 + 2c_2 y - c_4 = 0 \end{cases} \tag{3-35}$$

综上所述，7 种初等突变模型的函数形式如表 3-3 所示。

表 3-3　7 类初等突变函数

名称	状态维数	控制维数	势函数表达式	平衡曲面表达式
折叠	1	1	$V(x) = x^3 + c_1 x$	$3x^2 + c_1 = 0$
尖点	1	2	$V(x) = x^4 + c_1 x^2 + c_2 x$	$4x^3 + 2c_1 x + c_2 = 0$
燕尾	1	3	$V(x) = x^5 + c_1 x^3 + c_2 x^2 + c_3 x$	$5x^4 + 3c_1 x^2 + 2c_2 x + c_3 = 0$
蝴蝶	1	4	$V(x) = x^6 + c_1 x^4 + c_2 x^3 + c_3 x^2 + c_4 x$	$6x^5 + 4c_1 x^3 + 3c_2 x^2 + 2c_3 x + c_4 = 0$
椭圆脐	2	3	$V(x, y) = \dfrac{1}{3} x^3 - xy^2 + c_1(x^2 + y^2) - c_2 x + c_3 y$	$\begin{cases} x^2 - y^2 + 2c_1 x - c_2 = 0 \\ -2xy + 2c_1 y + c_3 = 0 \end{cases}$
双曲脐	2	3	$V(x, y) = x^3 + y^3 + c_1 xy - c_2 x - c_3 y$	$\begin{cases} 3x^2 + 2c_1 y - c_2 = 0 \\ 3y^2 + 2c_1 x - c_3 = 0 \end{cases}$
抛物脐	2	4	$V(x, y) = y^4 + x^2 y + c_1 x^2 + c_2 y^2 - c_3 x - c_4 y$	$\begin{cases} 2xy + 2c_1 x - c_3 = 0 \\ x^2 + 4y^3 + 2c_2 y - c_4 = 0 \end{cases}$

3.6.2　突变理论在生产安全事故形成机理分析中应用的可行性

生产安全事故是生产经营系统运动的一种状态（灾害状态），它的形成过程是一个连续变化与突然变化相统一的发展过程。连续变化是指生产经营系统的各组成要素的不安全状态变化是一个连续积累的过程，具有一定的规律性；突然变化是指生产安全事故隐患受到触发因素的作用导致生产安全事故的发生是一瞬间的突变过程。比如生产活动中发生的交通碰撞事故，在发生之前车辆的运动是一个连续变化的过程，而交通碰撞事故的发生则是运动中的车辆与障碍物相接触的那一瞬间的突变过程；再比如容器锈蚀泄漏有害物质的事故，容器锈蚀是一个连续变化的过程，而有害物质的泄漏则是容器出现裂缝或孔洞那一瞬间的突变过程；又比如电线老化引起火灾事故，电线的老化是一个连续变化的过程，而火灾事故的发生则是电线发热，温度达到电线及其周围物质的燃点那一瞬间的突变过程。上述分析表明，生产安全事故的发生具有突变理论研究对象的特征——事物一瞬间从一种形态变化为另一种性质截然不同的形态。因此，运用突变理论研究生产安全事故的形成机理是可行的。

3.6.3 生产安全事故致因机理突变模型的构建与分析

1. 生产安全事故致因关键因素的提取

运用上一节讨论的生产安全事故致因关键因素提取方法,分别提取导致生产安全事故发生的人的不安全因素和物的不安全因素,并按不安全因素的主次关系分别建立人的不安全因素(u)的递阶分主次的层次分析指标体系和物的不安全因素(v)的递阶分主次的层次分析指标体系,如图 3-6 和图 3-7 所示,一般要求二级指标的个数不超过 5 个。

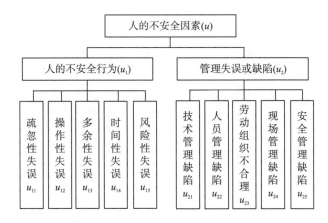

图 3-6 人的不安全因素层次分析指标体系

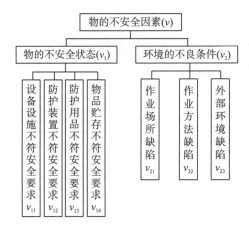

图 3-7 物的不安全因素层次分析指标体系

在实际应用中,可根据具体的问题对图 3-6 和图 3-7 中关于人的不安全因素和物的不安全因素进行增减,但要求下一层次的因素应包含在相对应的上一层次的因素中,同一层次因素应按重要性的高低从高到低的顺序进行排序,以满足人的不安全因素和物的不安全因素对生产经营系统的安全状态影响的分析要求。

2. 生产安全事故致因关键因素的量化处理

生产安全事故致因关键因素的量化处理是指对人的不安全因素层次分析指标体系和物的不安全因素层次分析指标体系中的底层定性指标的定量化和定量指标的无量纲化处理，即将底层指标的值转化为[0，1]的越大越严重的无量纲值。

1）定性指标的定量化

对不安全因素的定性指标采用专家评分法进行定量化处理。专家评分的具体步骤如下：

第一步，确定评分标准。根据不安全性严重程度，将不安全因素的定性指标的评语分为"轻微""较轻微""一般""较严重""严重"5 个等级，具体的评分标准如表 3-4 所示。

表 3-4　不安全因素定性指标的评分标准

评语等级	轻微	较轻微	一般	较严重	严重
评分范围	(0，0.2]	(0.2，0.4]	(0.4，0.6]	(0.6，0.8]	(0.8，1]

第二步，聘请专家对不安全因素定性指标进行评分。要求专家根据自己的经验和知识对不安全因素的定性指标按表 3-4 所示的评分标准进行评分。

第三步，综合专家对不安全因素定性指标的评分。假设有 n 位专家对某一不安全因素定性指标的评分分别为 r_1, r_2, $\cdots$, r_n, n 位专家评分的可信度权重分别为 w_1, w_2, $\cdots$, w_n $\left(0 \leqslant w_i \leqslant 1, \ i = 1, 2, \cdots, n; \ \sum_{i=1}^{n} w_i = 1\right)$，则该不安全因素定性指标的综合评分 r 为

$$r = \sum_{i=1}^{n} w_i r_i \tag{3-36}$$

若 n 位专家评分的可信度相同，则 $w_1 = w_2 = \cdots = w_n = 1/n$。

2）定量指标的无量纲化

设某一不安全因素定量指标可能的最小值、最大值和实际值分别为 x_{min}、x_{max}、x，若该不安全因素定量指标的取值越大不安全性越严重，则该不安全因素定量指标的无量纲化值 $\overline{x}$ 为

$$\overline{x} = \frac{x - x_{min}}{x_{max} - x_{min}} \tag{3-37}$$

若该不安全因素定量指标的取值越小不安全性越严重，则该不安全因素定量指标的无量纲化值 $\overline{x}$ 为

$$\overline{x} = \frac{x_{max} - x}{x_{max} - x_{min}} \tag{3-38}$$

3. 基于突变级数法的控制变量的构造

突变级数法是运用由分歧点集方程推导出的归一化公式将系统内部各指标因素的不

同质态转化为同一个质态的一种评价方法。在对人的不安全因素层次分析指标体系和物的不安全因素层次分析指标体系中的底层定性指标进行了量化处理之后，运用突变级数法构造控制变量的基本步骤如下：

第一步，对不安全因素层次分析指标体系中的各指标确定相应的突变系统模型（底层指标除外）。从不安全因素层次分析指标体系的第一层指标开始，根据指标的控制指标数的大小从上到下依次确定各指标对应的突变系统模型。比如对于图 3-6 所示的人的不安全因素层次分析指标体系，第一层指标"人的不安全因素（u）"有 2 个控制指标（变量），即"人的不安全行为（u_1）"和"管理失误或缺陷（u_2）"，故"人的不安全因素（u）"对应的突变系统模型为尖点突变模型；"人的不安全行为（u_1）"有 5 个控制指标（变量），即 u_{11}、u_{12}、u_{13}、u_{14}、u_{15}，故"人的不安全行为（u_1）"对应的突变系统模型为印第安人茅舍突变模型；"管理失误或缺陷（u_2）"有 5 个控制指标（变量），即 u_{21}、u_{22}、u_{23}、u_{24}、u_{25}，故"管理失误或缺陷（u_2）"对应的突变系统模型也为印第安人茅舍突变模型。同理，可确定图 3-7 所示的物的不安全因素层次分析指标体系中的指标"物的不安全因素（v）""物的不安全状态（v_1）"和"环境的不良条件（v_2）"对应的突变系统模型分别为：尖点突变模型、蝴蝶突变模型、燕尾突变模型。

第二步，利用各个突变模型的归一化公式从不安全因素层次分析指标体系的底层次开始依次计算上一层次控制指标（变量）对应的控制指标（变量）的状态变量指标值。

常用突变模型的归一化公式如表 3-5 所示。

表 3-5　常用突变模型归一化公式

突变类型	控制维数	归一化公式
尖点突变	2	$x_{a_1} = \sqrt{a_1}$，$x_{a_2} = \sqrt[3]{a_2}$
燕尾突变	3	$x_{a_1} = \sqrt{a_1}$，$x_{a_2} = \sqrt[3]{a_2}$，$x_{a_3} = \sqrt[4]{a_3}$
蝴蝶突变	4	$x_{a_1} = \sqrt{a_1}$，$x_{a_2} = \sqrt[3]{a_2}$，$x_{a_3} = \sqrt[4]{a_3}$，$x_{a_4} = \sqrt[5]{a_4}$
茅舍突变	5	$x_{a_1} = \sqrt{a_1}$，$x_{a_2} = \sqrt[3]{a_2}$，$x_{a_3} = \sqrt[4]{a_3}$，$x_{a_4} = \sqrt[5]{a_4}$，$x_{a_5} = \sqrt[6]{a_5}$

若设"人的不安全行为（u_1）"的 5 个控制指标（变量）（u_{11}，u_{12}，u_{13}，u_{14}，u_{15}）的量化处理值分别为 x_{11}、x_{12}、x_{13}、x_{14}、x_{15}，则"人的不安全行为（u_1）"对应各控制指标（变量）（u_{11}，u_{12}，u_{13}，u_{14}，u_{15}）的状态变量值分别为：$x_{u_1}(u_{11}) = \sqrt{u_{11}}$，$x_{u_1}(u_{12}) = \sqrt[3]{u_{12}}$，$x_{u_1}(u_{13}) = \sqrt[4]{u_{13}}$，$x_{u_1}(u_{14}) = \sqrt[5]{u_{14}}$，$x_{u_1}(u_{15}) = \sqrt[6]{u_{15}}$。"管理失误或缺陷（$u_2$）""物的不安全状态（$v_1$）"和"环境的不良条件（$v_2$）"对应的各控制指标（变量）的状态变量值的计算类似。

第三步，计算"人的不安全行为（u_1）""管理失误或缺陷（u_2）""物的不安全状态（v_1）"和"环境的不良条件（v_2）"的突变级数值 x_{u_1}、x_{u_2}、x_{v_1} 和 x_{v_2}。

若"人的不安全行为（u_1）"的 5 个控制指标（变量）（u_{11}，u_{12}，u_{13}，u_{14}，u_{15}）是相互关联的，则 x_{u_1} 计算公式为

$$x_{u_1} = \frac{x_{u_1}(u_{11}) + x_{u_1}(u_{12}) + x_{u_1}(u_{13}) + x_{u_1}(u_{14}) + x_{u_1}(u_{15})}{5} \tag{3-39}$$

若"人的不安全行为(u_1)"的 5 个控制指标(变量)$(u_{11}, u_{12}, u_{13}, u_{14}, u_{15})$是互不关联的，则$x_{u_1}$的计算公式为

$$x_{u_1} = \min\left\{x_{u_1}(u_{11}), \ x_{u_1}(u_{12}), \ x_{u_1}(u_{13}), \ x_{u_1}(u_{14}), \ x_{u_1}(u_{15})\right\} \tag{3-40}$$

同理，可计算x_{u_2}，x_{v_1}和x_{v_2}的值，其计算方法类似。

第四步，计算控制变量"人的不安全因素(u)"和"物的不安全因素(v)"的突变级数值，即控制变量"人的不安全因素(u)"和"物的不安全因素(v)"的取值。

分别以x_{u_1}、x_{u_2}、x_{v_1}和x_{v_2}的值为指标"人的不安全行为(u_1)""管理失误或缺陷(u_2)""物的不安全状态(v_1)"和"环境的不良条件(v_2)"的取值，利用尖点突变模型的归一化公式先计算"人的不安全行为(u_1)""管理失误或缺陷(u_2)""物的不安全状态(v_1)"和"环境的不良条件(v_2)"的归一化值$u(u_1)$、$u(u_2)$、$v(v_1)$、$v(v_2)$，其计算公式分别为

$$u(u_1) = \sqrt{x_{u_1}}, \ u(u_2) = \sqrt[3]{x_{u_2}} \tag{3-41}$$

$$v(v_1) = \sqrt{x_{v_1}}, \ v(v_2) = \sqrt[3]{x_{v_2}} \tag{3-42}$$

再根据"人的不安全行为(u_1)""管理失误或缺陷(u_2)"对"人的不安全因素(u)"的作用方向的不同，分别计算"人的不安全因素(u)"的值u，具体计算如下：

若"人的不安全行为(u_1)"与"管理失误或缺陷(u_2)"相互关联，则"人的不安全因素(u)"的值u的计算公式为

$$u = \frac{u(u_1) + u(u_2)}{2} \tag{3-43}$$

若"人的不安全行为(u_1)"与"管理失误或缺陷(u_2)"互不关联，则"人的不安全因素(u)"的值u的计算公式为

$$u = \min\left\{u(u_1), \ u(u_2)\right\} \tag{3-44}$$

同理，可计算"物的不安全因素(v)"的值v。

4. 生产安全事故致因突变模型及其分析

1)生产安全事故致因突变模型

由轨迹交叉理论知：生产经营系统的安全状态由人的因素和物的因素共同决定；生产安全事故是由许多相互关联事件按顺序发展的结果，当人的不安全行为事件链和物的不安全状态事件链在一定的时间和空间发生轨迹交叉时便会发生生产安全事故。因此根据轨迹交叉理论，分析生产安全事故形成机理时可考虑建立如下的尖点型突变模型：

$$V(x : u, \ v) = x^4 + ux^2 + vx \tag{3-45}$$

其中，$V(x : u, v)$为生产经营系统势函数，表示生产经营系统保持安全生产运行的能力；x 表示生产经营系统安全状态变量；u 为控制变量，表示人的不安全因素，$u = f_u(u_1, u_2, \cdots, u_n)$，$u_1, u_2, \cdots, u_n$表示生产经营系统涉及的人的不安全主要因素；$v$ 为控制变量，表示物的不安全因素，$v = f_v(v_1, v_2, \cdots, v_m)$，$v_1, v_2, \cdots, v_m$ 表示生产经

营涉及的物的不安全主要因素。

生产经营系统势函数 $V(x：u，v)$ 的平衡曲面 M 的方程为

$$\frac{\partial V}{\partial x} = 4x^3 + 2ux + v \tag{3-46}$$

令 $V(x：u，v)$ 的 Hessen 矩阵为零，即 $\frac{\partial^2 V}{\partial x^2} = 0$，得到尖点突变的奇点集方程：

$$\frac{\partial^2 V}{\partial x^2} = 12x^2 + 2u \tag{3-47}$$

由方程(3-46)与方程(3-47)消去 x 得到生产经营系统势函数 $V(x：u，v)$ 的分歧点集 (N) 方程：

$$\Delta = 8u^3 + 27v^2 = 0 \tag{3-48}$$

建立直角坐标系，绘制平衡曲面 M 和分歧点集 N，得到生产安全事故的尖点突变模型，如图 3-8 所示。

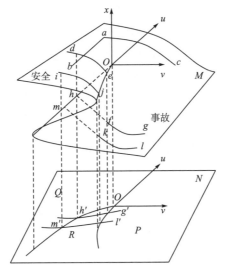

图 3-8　生产安全事故的尖点突变模型

图 3-8 中的曲面表示生产经营系统势函数 $V(x：u，v)$ 的平衡曲面 M，底部平面表示人的不安全因素 (u) 和物的不安全因素 (v) 所在的控制平面。平衡曲面 M 有三层，分别为上、中、下三叶，上叶表示生产经营系统的运营状况良好(安全水平高)，下叶表示生产经营系统的运营状况差(安全事故发生的灾害状态)，中叶表示生产经营系统的安全状态发生突变现象，即发生安全事故。中叶在底部控制平面的投影区域表示分歧集 N，它形象地表示了生产安全事故发生的条件，当以控制变量 u 和 v 为坐标组成的点 $(u，v)$ 落入分歧集所在的区域时，生产经营系统的状态变量 x 发生突变，产生安全事故。

2)生产安全事故致因机理分析

分歧点集，即平衡曲面的折痕，在 u-v 平面上的投影是由一个尖点 O 和两条曲线组成，折叠边缘的曲线在底面的投影线是分歧点集的边缘，称为分歧曲线。平面投影上的区域 Q

对应平衡曲面的上叶，区域 P 对应平衡曲面的下叶，尖点型区域 R 在流形上对应中叶。中叶是不稳定的定态，称为潜在突变区，不稳定的定态永远不可能到达；尖点区域外分别对应流形的上叶和下叶，这里系统是稳定的区域，称为稳定区。如果相点恰好落在分歧曲线的边缘上，则必定跳跃到另一叶上，引起 x 的突变，即当坐标 (u, v) 恰好落在这两条曲线上时，任意小的扰动都会使系统状态跳到平衡曲面的上叶或下叶。在平面投影上的参数变化只要穿过尖点型区域 R 的两条边界曲线，则意味着突变；突变流形上的曲线如果不经过折叠线，即使会导致系统状态参数变化，但也不会发生突变。

根据图 3-8 所示，可具体分析不同路径导致系统安全状态的发展过程：

(1) $a{\to}b$ 和 $a{\to}c$：当只有一个控制变量恶化，而另一个处于较佳的状态时，系统安全状态不会发生突变，即不会发生生产事故，但系统功能将逐渐降低，表现为安全的流变过程。

(2) $d{\to}e{\to}f{\to}g$：当两个控制变量同时恶化时，在曲面折叠部分会发生突变，直接从上叶跌落到下叶，企业生产将不可避免地发生事故。

(3) $g{\to}f{\to}h{\to}d$：当系统两个控制变量同时改善时，在曲面折叠部分会发生突变，直接从下叶上升到上叶，企业生产从事故状态突变到安全状态。

对比 $d{\to}e{\to}f{\to}g$ 与 $g{\to}f{\to}h{\to}d$ 两条路线，系统发生突变后尽管沿原路径返回，但系统发生再次突变的时点并不相同，表现出一定的滞后性。

曲线 $g{\to}f{\to}h{\to}d$ 产生的突变 $\Delta F_1 = F(u_e, v_e) - F(u_f, v_f)$，曲线 $i{\to}j{\to}k{\to}l$ 产生的突变 $\Delta F_2 = F(u_j, v_j) - F(u_k, v_k)$，但 $\Delta F_1 \neq \Delta F_2$，即当系统恶化的路径不同时，系统产生的突跳程度也是不一样的。

如果选取 $u =$ 常数 <0，此时，图中定态曲线变为图 3-9 的"反 S"曲线，其中实线是渐进稳定，虚线为不稳定。

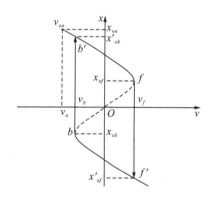

图 3-9　状态变量 x 随控制变量 v 的变化曲线

当内部影响因子 v 从 v_a 增加到 v_f 时，系统处于"反 S"曲线的上半支，系统安全状态从 x_{oa} 渐变到 x_{of}；在 v_f 点，如果物的不安全影响因子 v_f 再稍微增加一点，在 f 点将发生突变，系统安全状态变量由 x_{of} 跃变到 x'_{of}，进入到曲线的下半分支。当物的不安全影响因子 v 回到 v_f，且物的不安全影响因子 v 减少到 v_b 时，系统处于"反 S"曲线的下半分支，系统安全状态变量由 x'_{of} 渐变到 x_{ob}；在 v_b 点，只要 v_b 再稍微减少一点，就会在 b 点发生突变，状态变量由 x_{ob} 跃变到 x'_{ob}，进入到"反 S"曲线上半分支。

利用尖点突变理论，通过以上分析，可以对企业生产安全事故作出合理的解释，结论如下：

(1) 企业生产经营系统运行状态存在安全的流变-突变过程，在企业生产经营系统的流变阶段，存在多条安全发展路径，有的只是发生安全的流变过程，有的会发生安全的流变-突变过程；如果能在适当时机进行安全投入，或对企业生产经营系统进行人为干预，则可延缓或避免安全事故的发生。

(2) 在企业生产经营系统运行过程中，控制参量的微变会造成系统的突变。这就要求企业安全人员一定要防微杜渐，树立一切皆有可能的理念，将事故消灭在萌芽状态。

(3) 企业生产经营系统的控制参数变大(小)时引起突变，当控制参数减少(或增加)时，系统不会沿原路径返回，产生突变的时点具有滞后性。这意味着当企业生产经营系统发生安全事故后，要想重新返回以往的安全状态，就需要投入更多的人力、资金，以及设备，同时员工的心理恢复以及企业的社会影响的挽回等也需要经历一段时间。

(4) 企业生产经营系统在不同运行状态下，不同控制措施导致系统发生事故突变的程度是有差异的，有的表现为重大事故，有的表现为轻微事故。这意味着企业管理者应该把有限的资源用到企业最需要的地方，争取以最小的安全投资获取最大的安全效益。

(5) 当企业生产经营系统的控制变量 u 或 v 运行在高位时，系统处于安全流变过程中，当只有一个参数变化时，如图 3-8 中的 $a \to b$ 和 $a \to c$ 路径，绕过了尖点区域，企业生产经营系统不会发生事故突变。这启示企业管理者在生产过程中，如果能把引起事故的内因或外因控制在合理状态，则可有效避免事故的发生；同时要尽量避免多个影响因素同时恶化，因为这无疑会加大事故发生的概率和程度。

(6) 引起生产安全事故突变的尖点区域只发生在 u 的特定区域，图 3-8 中为 $u \leqslant 0$ 区域，当 $u > 0$ 时，则无论 v 如何变化，都不会发生安全事故的突变，即如果能加强设备和环境的本质安全，则即使偶有员工的不安全行为或管理的失误，也可有效避免安全事故的发生。

(7) 在事故的尖点突变模型中，尽管平衡曲面有三叶，但中叶实际上是不可达到的，即随着企业生产经营系统的安全状态的流变，当达到某一临界状态时，系统会发生突变，而不会进入安全与事故的模糊状态。这意味着企业生产是一个二元世界，即安全的对偶事件必然是事故，反之亦然。

3.7　生产安全事故发生与发展规律分析

由生产安全事故发生的基本原理知，任何生产安全事故都是由事故隐患转化而成的，而事故隐患的本质是对生产过程中的能量和有害物质失去约束和控制，其产生的原因主要体现在生产系统的故障(或缺陷)、人员失误和管理缺陷三个方面。又因生产系统的故障(或缺陷)和人员失误往往是由管理缺陷(或漏洞)引起的，据此可得出：危险因素和与管理缺陷(或漏洞)的相互影响、相互作用产生事故隐患，事故隐患在激发因素的作用下产生生产安全事故，这一演化过程可用图 3-10 表示。

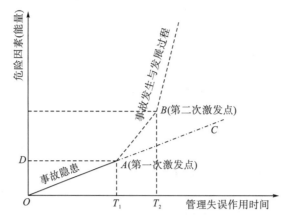

图 3-10　生产安全事故发生与发展规律示意图(虢舜，1984)

图 3-10 中的纵坐标表示生产过程中物质的危险因素，以能量为单位；横坐标表示管理缺陷作用于危险因素的时间。OA 表示事故隐患，它是危险因素与管理缺陷、漏洞相互作用的结果，即

事故隐患=危险因素+管理缺陷

由于事故隐患与生产过程是同时存在的，所以表示事故隐患的线段 OA 与表示生产过程的线段 OC 重合。第一次激发点 A 是由正常生产到发生事故的转折点，又称为事故原点(它是构成事故的起点)；第二次激发点 B 是事故发生后由于未及时采取措施或措施不当等原因而激发事故扩大的转折点；D 点表示危险因素的潜在能量转化为事故破坏能量的转折点。需要指出的是：事故原点并不是引起事故发生的原因，而是指事故发生在时间和空间上的起始位置，它与事故发展过程的关系如图 3-11 所示。

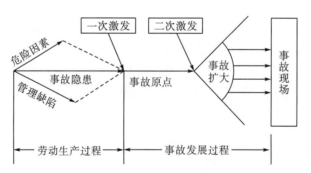

图 3-11　事故原点与事故发展过程(虢舜，1984)

图 3-11 表明：事故隐患是危险因素与生产管理缺陷相互作用的结果，它存在于生产过程之中；事故隐患如果没有受到激发，那么它始终只是隐患，不会转化为事故，一旦受到激发，它就不再是隐患，而是转化为事故了，转化为事故后，倘若再一次受到激发，则会导致事故扩大和蔓延；管理上的缺陷、漏洞越多，存在的时间越长，则激发事故的次数就越多，发生事故的可能性就越大。这就是生产安全事故隐患转化的规律。

生产安全事故隐患转化规律还可以用图 3-12 所示的框图表示。

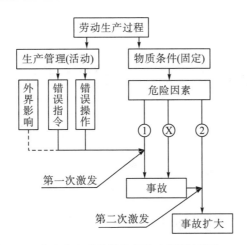

图 3-12　生产安全事故发生规律方框图(虢舜，1984)

在生产安全事故发生规律方框图 3-12 中，危害因素向事故转化有三条作用线，其中的两条能够造成事故，另一条能够造成事故蔓延、扩大。三条作用线(或三个途径)分别是：

第一作用线：表示危害因素受管理缺陷和外界因素激发而转化为事故的途径。需要指出的是：尽管管理缺陷的表现形式多种多样，但它们仅对危害因素起激发作用。管理缺陷激发频率的高低、激发时间的长短直接决定着生产安全事故发生频率的高低和发生可能性的大小。另外，尽管外界影响有时也可能作用于危险因素而激发生产安全事故，但一般来讲，外界影响属于比较少见的意外情况，故图中以虚线表示。

第二作用线：表示危害因素受事故中管理缺陷的激发而蔓延、扩大的途径。通常情况下，在事故的初起损失较小，由于事故中的管理缺陷致使事故迅速蔓延和扩大，往往会造成更严重损失。

未知作用线(模型图中的 X 线)：表示人们尚未认识某种危害因素，没有采取相应的防范措施而导致生产安全事故发生的途径。由于对未知的危险因素没有采取相应的控制措施，该危害因素处于无控状态，随时都有可能转化为生产安全事故，故称这个途径为未知作用线。

危险因素随生产过程中物质条件的存在而存在，并随物质条件的变化而变化，而人们对危险因素的认识是逐步深化的，是随生产的发展而逐步深刻和扩大范围的。因此，从安全技术的意义上来说，生产的发展过程是人们对危险因素不断地认识和克服的过程。当人们未认识某种危险因素时，不可能采取相应的防范措施，这个危险因素就可能转化为事故；而当人们认识了危险因素之后，就会设法克服它，避免管理缺陷，防止人为错误激发事故发生。从这种意义上来讲，危险因素是不能绝对消灭的，旧的危险因素克服了，新的危险因素又有待人们去认识和克服。因而人们不断加深对危险因素的认识，避免管理缺陷，以消除事故隐患向事故方面的转化，其工作是无止境的。

第4章　企业生产安全事故预警管理及其理论基础

4.1　企业生产安全事故预警的含义、特点、要素及过程

4.1.1　企业生产安全事故预警的含义、目的及任务

企业生产安全事故预警，是指在企业生产安全事故发生之前，根据生产安全事故的形成规律和观测得到的可能性前兆，对企业生产经营活动的安全状态及其未来演化趋势进行评价，向相关部门和人员预报险情，以便及时采取措施避免或减低生产安全事故所造成的危害的活动过程。

上述定义表明：企业生产安全事故预警的依据是生产安全事故的形成规律和观测得到的生产安全事故发生的前兆信息，企业生产安全事故预警的目的是最大限度地避免或减低生产安全事故造成的人员伤亡和财产损失。企业生产安全事故预警的主要任务是对企业生产经营活动过程中的各种生产安全事故征兆进行监测、识别、诊断、评价和报警，并根据预警分析的结果对生产安全事故征兆的不良趋势进行矫正与控制。

4.1.2　企业生产安全事故预警的特点

企业生产安全事故预警具有以下特点：

(1)快速性。快速性是指生产安全事故预警的信息收集、信息传递、信息处理、信息识别和信息发布必须及时、快速。这是因为只有在生产安全事故发生之前，且预留处理事故隐患的时间够多，才能有效地预控生产安全事故的发生。

(2)准确性。准确性是指生产安全事故预警对事故征兆的监测、识别、诊断与评价必须准确，没有任何差错。这是因为若事故即将发生却做出事故不可能发生的判断，则可能导致疏于对事故的防范，造成人员伤亡和财产损失；若没有事故发生的征兆却做出了事故即将发生的判断，则可能导致人力、物力、财力的浪费。

(3)公开性。公开性是指生产安全事故的预警信息一经确认，就应立即向生产安全事故涉及的人员、部门、组织发布，以便充分调动各方面的人力、物力和财力，及时、有效地控制生产安全事故的发生和减轻生产安全事故造成的危害。

(4)完备性。完备性是指生产安全事故预警系统对生产安全事故相关信息的收集应系统、全面，没有任何遗漏，以便全方位、全过程、多层面地分析事故形成和发展态势。

(5)连贯性。连贯性是指生产安全事故征兆的监测、识别、诊断与评价过程中，每一步的分析应以上一步的分析为基础，紧密衔接，以确保生产安全事故预警分析的准确性，

避免因孤立、片面的分析得出错误的结论。

4.1.3　企业生产安全事故预警的基本要素

企业生产安全事故预警包括警情、警源、警义、警素、警兆、警度、警区等基本要素。

1. 警情

警情是指企业生产经营活动中出现的各种不安全情况，具体包括人、机、物、环、管等出现的不安全情况。

2. 警源

警源是指警情产生的源头。从生成机制来看，警源包括外在警源和内在警源两大类。外在警源是指从研究对象外部输入的警源，而内在警源则是指研究对象自身运行的故障、失误、缺陷等而产生的警源。内在警源产生于研究对象的内部。在生产安全事故预警领域，内在警源是生产系统的故障或缺陷、人员失误和管理失误或缺陷；外在警源是生产系统外引发生产系统发生故障(或缺陷)、人员失误和管理失误(或缺陷)的所有因素。

3. 警义

警义是指警情的含义，明确警义就是要明确预警的对象。预警对象的选择取决于预警研究的目的，当以揭示生产安全事故形成的影响因素及其影响程度为研究目的时，物的不安全状态、人的不安全行为、环境的不安全因素或条件、管理失误或漏洞就构成了预警对象。

4. 警素

警素是指反映警情的指标。在生产安全事故预警中，由于生产安全事故隐患是多种不安全因素综合作用的结果，仅用单一指标无法反映生产经营系统的危险状态，需要设计一套指标体系以全面反映生产经营活动的不安全状态。

5. 警兆

警兆是指警情爆发的先兆，它是警源的扩散及其在扩散过程中产生的其他相关现象，是警源演变成警情的外部表现。通过对警兆的定性和定量分析，可以识别警情的严重程度及其变化趋势，因此可以根据警兆分析结果确定适当的报警区间以预报、预测警情。

6. 警度

警度是指警情的轻重程度，它是预警分析的最终产出形式和定量分析结果。在生产安全事故预警中一般按警情的轻重程度把警度划分为无警、轻警、中警、重警和巨警五个级别(即五个不同的警度)，在预警图上分别用绿灯区、蓝灯区、黄灯区、橙灯区和红灯区来表示相应的警度。

7. 警区

警区是指警兆指标的变化区间。在生产安全事故预警中，一般先运用一定的方法将警兆指标综合成一个或几个预警指标，然后根据预警指标的取值特征，结合警度级别的确定，把预警指标的可能最大值与可能最小值所确定的区间划分为若干个小区间，每一个小区就是一个警区。警区的个数与警度的级别相对应，有多少个警度等级就有多少个警区，预警指标的实际数值落在哪一个警区就表明相应的警情出现。

4.1.4 企业生产安全事故预警的过程

企业生产安全事故的预警过程从逻辑上可划分为确定警情、寻找警源、分析警兆、预报警度以及排除警情等一系列相互衔接的过程。在生产安全事故预警中，确定警情是基础，寻找警源是手段，分析警兆是关键，预报警度是目的，排除警情是目标。生产安全事故预警过程如图 4-1 所示。

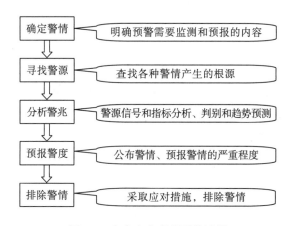

图 4-1　生产安全事故预警过程

1. 确定警情

确定警情是指明确生产安全事故预警需要监测和预报的内容，它是生产安全事故预警的第一步，只有在明确警情的情况下，才能开展生产安全事故的预警工作。由于安全生产的警情是生产经营活动中已存在或将来可能出现的各种各样的安全事故隐患，因此在生产安全事故预警领域，确定警情就是要明确生产安全事故预警监测物的不安全状态、人的不安全行为、环境的不安全因素或条件、管理缺陷或漏洞的具体内容。

2. 寻找警源

寻找警源是指查找各种警情产生的根源。对于生产经营系统来说，警源就是危险源，包括产生能量的能量源或拥有能量的载体和危险物质及其生产、储存危险物质的设备、容器或场所，以及导致或可能导致能量、危险物质的约束或限制措施破坏或失效的人、物、环境的不安全因素。

3. 分析警兆

分析警兆是指分析警情暴发的先兆。由于警源是发生警情的前提，以及警兆与警情的关系通常不是一对一的关系，而是一对多的关系，因此在分析警兆时，一般先从警源入手或经验分析入手确定警兆，然后分析警兆与警情的数量关系，进而根据警兆对警情进行预测和预报。

4. 预报警度

预报警度是指根据警兆指标的取值情况预报警情的严重程度。生产安全事故预警就是及时预报警情的严重程度，提醒人们提前采取适当的措施和对策预防生产安全事故的发生，以减少生产安全事故带来的危害，从这个意义上讲，预报警度是开展生产安全事故预警的最终目的。预报警度一般应先建立警素模型，然后根据警素与警度的关系将警素转化为警度，再根据警度的不同取值发出相应的警情预报。

5. 排除警情

排除警情是指针对每一种警情预报给出相应的对策和建议，以消除警情。由于不同警情产生的原因、表现的形式、演变的规律和方式不尽相同，因此在制定排警决策时既要具体情况具体分析，又要充分借鉴和学习专家的经验，以保证排警决策的针对性和科学性。

4.2　生产安全事故预警管理的含义、特点及内容

4.2.1　生产安全事故预警管理的含义

生产安全事故预警管理是为了预防和降低生产安全事故造成的危害，以生产安全事故的发生、变化规律和观测到的前兆信息、数据为依据，运用现代技术和方法，对生产安全事故的诱发因素进行监测、识别、诊断，并预报危险状态、提出预防对策和措施的工作过程。

上述定义表明：

(1)生产安全事故预警管理的目的是预防和降低生产安全事故造成的危害(人员伤亡、财产损失和环境污染等)；

(2)生产安全事故预警管理的依据是生产安全事故的发生、变化规律和观测到的前兆信息与数据；

(3)生产安全事故预警管理的措施是通过对生产安全事故的诱发因素的监测、识别、诊断，预报危险状态，提出预防对策和措施；

(4)生产安全事故预警管理的技术和方法包括对生产安全事故诱发因素进行监测、识别和诊断的技术和方法。

生产安全事故预警管理作为生产安全事故应急管理过程的第一个阶段,其目的在于对可能发生的生产安全事故进行早发现、早处理,以避免生产安全事件的发生,最大限度地降低生产安全事故带来的伤害和损失。在某种程度上,生产安全事故的预防比单纯的事故救援更加重要,这是因为如果能在生产安全事故尚未发生之前就及时把导致生产安全事故发生的事故隐患消除,则一方面可以保障生产经营系统的安全运行,提高效益,另一方面可以避免生产安全事故可能造成的损失。

4.2.2　生产安全事故预警管理的特点

生产安全事故预警管理的特点主要表现在以下几方面:

(1)超前性。超前性是指生产安全事故预警应在生产安全事故发生前发出预警警报,以便及时采取措施预防和降低生产安全事故造成的危害。生产安全事故预警管理虽然含有在事故发生情况下的应急处理和补救功能,但它仍然以预先发出警报和超前防范为主。因此,"超前"是生产安全事故预警管理的核心。

(2)警示性。警示性是指生产安全事故预警管理系统应通过一定的方式向安全生产管理部门和人员及时发出警示性信息。当企业生产经营活动的某些方面达到危险警戒状态时,生产安全事故预警管理系统的输出信息应能通过一些具体的形式来引起安全生产管理相关人员的警觉,因而具有警示性。

(3)及时性。及时性是指生产安全事故预警管理系统能动态跟踪生产经营系统的安全状态,并不断更新和完善。企业生产安全事故预警管理系统和企业管理信息系统一样,是一个长期和连续运行的系统,通过对企业生产经营活动进行动态跟踪监控,及时显示企业所处的安全状态。同时,生产安全事故预警管理系统的结构和功能应根据实际预警实践积累的经验和实际情况的变化进行不断的完善和更新,以提高对生产安全事故预警的敏感性和准确性。

(4)系统性。系统性是指面向企业生产经营活动建立的生产安全事故预警管理系统是一个复杂的系统,涉及企业生产经营活动的方方面面,同时输出的信息也应当是明确的、系统的、易被决策者以及管理人员识别和接收的信息。

4.2.3　生产安全事故预警管理的内容

生产安全事故预警管理包括如下两部分内容:①预警分析。预警分析主要由运行监测、危险点辨识、事故诊断和预警评价等工作内容组成,其主要工作职责是对诱发生产安全事故的征兆进行辨识、诊断与评价,并及时发出预警信号。②预控对策。预控对策由组织准备、日常监控和应急管理等工作内容组成,其主要工作职责是对生产安全事故征兆的不良趋势进行矫正、避防和控制。预警分析是制定生产安全事故预控对策的前提和基础,预控对策是预警分析要达到的最终目的,两者相辅相成,缺一不可,它们共同组成了生产安全事故预警管理的内容,如图4-2所示。

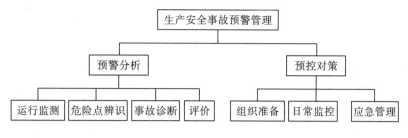

图 4-2 生产安全事故预警管理内容

4.3 企业生产安全事故预警的理论基础

企业生产安全事故预警是从分析可能导致生产安全事故发生的事故隐患入手,系统收集、加工、处理和分析危险因素和危险源的相关信息,根据分析的结果及时预报生产经营系统的安全状态,以便采取相应的措施防止生产安全事故的发生,它的基本思想和原理以系统非优理论、信息论、控制论和事故致因理论为理论基础。

4.3.1 系统非优理论

系统非优理论是我国学者何平于 1986 年提出来的系统科学理论。系统非优理论根据人类认识和实践活动的过程与结果是否满足人类主观要求、是否符合客观合理性,确定了"优"和"非优"两个范畴(何平,1989),既满足人类主观要求,又符合客观合理性的过程与结果就属于"优"的范畴,反之则属于"非优"的范畴。根据过程与结果满足人类主观要求和符合客观合理性的程度不同,"优"范畴又可分为最优和优,即最好的过程与结果和好的过程与结果;根据过程与结果不满足人类主观要求和不符合客观合理性的程度不同,"非优"范畴又可分为可以接受的不好的过程与结果和失败的过程与结果。系统非优理论认为:①一切系统的实际状态要么处于"优"状态,要么处于"非优"状态,是"优"和"非优"两状态的组合;②"优"和"非优"是相对的,"优"是相对于一定的假设和条件而谈的,一旦假设和条件不成立,"优"就变成了"非优",大多数情况下系统都处于"非优"状态。为此,系统非优理论指出:对现实系统的认识不仅要寻求其最优化的方法和模式,更应该从非优的角度去分析系统"非优"的形成原因,探寻系统如何从非优到优的方法和途径。从非优的角度出发,分析系统非优的形成原因,探寻如何使系统从"非优"状态转变到"优"状态的方法和途径的思想称为非优追踪思想,研究非优追踪思想的理论方法称为系统非优理论。系统非优理论指出系统非优分析方法遵循如下三个基本步骤:

第一步,收集非优信息,建立非优信息库。系统收集研究领域内各种非优事件、非优状态发生、发展过程的相关信息,建立非优信息库。

第二步,分析非优信息,找出导致非优事件的原因和非优状态的特征。以系统理论为指导,综合运用各类统计分析方法,找出导致非优事件和非优状态发生、发展的原因和条件,并描述非优状态的特征。

第三步，建立非优判决系统，测度非优的程度，构建非优约束体系。根据实用化和规范化的要求，建立系统非优的评价指标体系，研究系统非优的评价方法，测度系统非优的程度，据此构建非优约束体系，并采取相应的措施使系统从"非优状态"恢复到"优状态"，以避免失误和失败。

系统非优理论为生产安全事故预警管理提供了理论思想基础。生产安全事故预警是在生产安全事故发生之前，根据生产安全事故的形成原因及其相互影响、相互作用关系、演变规律，以及观测得到的可能性前兆，对生产经营活动的安全状态的未来演化趋势进行预期性评价，及时发出警报、报告险情，以便及时采取措施，防止事故的发生。生产安全事故预警的这种从事故出发反向追踪事故隐患、危险因素、危险源的思想正是系统非优理论的思想与分析方法在生产事故预警领域中的应用。因此，系统非优理论为生产安全事故预警管理提供了理论思想基础。

4.3.2　信息论

信息论是一门应用数学和其他有关科学方法研究现实系统中信息传递与处理、信息识别与利用的共同规律的科学。生产安全事故预警以拥有一定量的生产安全事故相关信息为基础，离不开对生产安全事故相关信息的收集、传输、加工和储存。首先，需要采集与生产安全事故相关的各种信息；其次，需要对生产安全事故相关信息进行分析、推断和转化；最后，根据对生产安全事故相关信息的分析结果，及时发出报警和处理险情的对策建议信息。由此可见，生产安全事故预警需要综合运用信息采集、加工、处理、转化和存储的理论和方法，以便准确把握生产安全事故相关信息运动的规律，滤除生产安全事故信息的错误信息和异常信息，将生产安全事故的原始信息转化为生产安全管理相关人员可理解的有用信息。

4.3.3　控制论

控制论，又称控制理论，它是一门研究各类系统(如机械、通信、生物、社会等系统)的信息传递规律和控制规律的学科，它是人类工程学、控制工程学、通讯工程学、计算工程学、神经生理学和病理学等学科在数学的联系下相互渗透而形成的一门综合性学科。控制论认为，控制作为一个过程，由施控主体、受控主体，以及传递施控主体与受控主体间相互作用的介质组成，如图 4-3 所示。

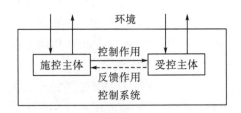

图 4-3　控制系统的基本过程

控制是指在获取、加工和使用信息的基础上，施控主体使受控主体进行合乎目的的动作的过程，按实施控制的时间不同，控制可分为预先控制、实时控制和反馈控制三种。

（1）预先控制。又称前馈控制，是指为了增加系统将来的实际结果达到预期结果的可能性，在事先进行控制，即施控主体运用最新信息(包括上一控制循环中的经验教训、各种可能出现结果的预测信息，以及预测结果与预期结果的比较信息等)调整计划或控制影响因素，以确保预期目标实现的一种方法。

（2）实时控制。又称现场控制或同步控制，是指在系统实际运行过程中对系统实施的控制，通常包括确立标准、搜集信息、衡量成败和纠正偏差等步骤。

（3）反馈控制。反馈控制是通过分析系统输入信息和输出信息的偏差，并利用这种偏差进行控制的过程，它是一种利用过去的情况指导现在，并对未来进行连续不断地控制的行为。反馈控制与预先控制一样，都是面向未来的系统纠偏，不同的是，反馈控制的基础是基于以往系统的运行情况，特别是系统以往出现的偏差和错误，而预先控制的基础是基于系统未来偏差的可能性。

生产安全事故预警管理从本质讲是一个控制过程，它是以防范生产安全事故为目标，以排查生产安全事故隐患、消除危险因素、严格管控危险源为手段，使生产活动始终处于安全状况的管理行为。

4.3.4　事故致因理论

阐明事故为什么会发生、怎样发生，以及如何防止事故发生的理论被称为事故致因理论。事故致因理论从不同侧面和角度阐述了事故形成的基本规律，能为事故的定性与定量分析、事故预警与控制，从理论上提供科学的依据。自 20 世纪初以来，已提出了多种事故致因理论，国外比较著名的事故致因理论有事故频发倾向理论、事故因果连锁理论、能量意外释放理论、轨迹交叉理论、人失误理论、动态变化理论等。事故致因理论为生产安全事故预警的事故征兆监测、辨识、诊断指明了方向。

1. 事故频发倾向理论

事故频发倾向理论，认为个别人具有事故频发倾向，事故频发倾向者的存在是工业事故发生的主要原因。所谓的事故频发倾向，是指容易发生事故的、稳定的、个人的内在倾向。所谓的事故频发倾向者，是指具有事故频发倾向的人。根据国外的相关研究，事故频发倾向者往往具有以下特征：①厌倦工作、没有耐心、注意力不集中；②脾气暴躁、容易冲动、缺乏自制力；③处理问题轻率、冒失、不沉着；④理解、判断、思考能力低；⑤动作不灵活、工作效率低等。

事故频发倾向理论的优点在于从职业适合性的角度指导人们选择身体状况、智力水平、性格特征、动作特征等方面适合工作岗位的人就业，以及调整企业中的事故频发倾向者的工作岗位或将其解雇，以预防或减少生产安全事故的发生。它的缺点在于事故频发倾向的个性类型难以度量，过度夸大了人的身体状况、性格特征、动作特征等在生产安全事故中的作用，而忽视了生产安全事故的其他致因因素。

2. 事故因果连锁理论

事故因果连锁理论由美国安全工程师海因里希(W.H.Heinrich)于 1936 年首次提出，海因里希将事故因果连锁概括为由社会环境及遗传、人的缺点、人的不安全行为或物的不安全状态、事故和伤害 5 个因素组成，它们构成形如多米诺骨牌的事故因果连锁关系，如图 4-4 所示。

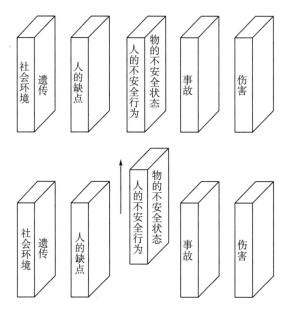

图 4-4　海因里希事故因果连锁模型

事故因果连锁理论认为事故的发生不是一个孤立的事件，而是一系列具有因果关系的原因事件相继作用与发生的结果。在原因事件连锁中，若某一原因事件被触发，则将引发原因事件间的连锁反应，最终导致事故的发生；若某一原因事件被消除，原因事件连锁被破坏，则事故发生过程就将被中止。

海因里希认为，为了避免事故的发生，应把企业安全工作的重心放在防止人的不安全行为，和消除机械的或物质的不安全状态上，以中断事故连锁的进程，进而避免事故的发生。

博德(Frank Bird)在海因里希事故因果连锁理论的基础上，结合现代安全管理的最新成果，将事故因果连锁概括为由管理失误、个人原因及工作条件、人的不安全行为及物的不安全状态、事故和伤害 5 个因素组成，提出了与现代安全观点相吻合的现代事故因果连锁理论，如图 4-5 所示。

博德事故因果连锁理论的基本观点包括：管理失误是引发事故的根本原因，安全管理是事故因果连锁中最重要的因素；个人原因和工作条件是引发事故的基本原因，只有找出引发事故的基本原因，才能有效地避免事故的发生；人的不安全行为和物的不安全状态是引发事故的直接原因，直接原因是基本原因的征兆，只有找出直接原因背后隐藏的深层原因，才能从根本上杜绝事故的发生；人、构筑物、机器设备等与有害物质或能量的接触是事故的触发器，防止接触就可防止事故的发生；采取恰当的措施可将由事故造成的伤亡和损失最大限度地减少。

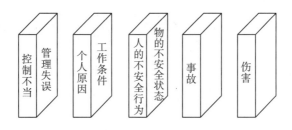

图 4-5　博德事故因果连锁理论

3. 能量意外释放理论

能量意外释放理论由吉布森(Gibson)于 1961 年提出，在吉布森研究的基础上，1966 年哈登(Haddon)对其进行了完善。能量意外释放理论的主要观点为：在生产、生活中，为了使能量(机械能、电能、热能、化学能、声能、光能、核能等各种形式的能量)按照人类的意图产生、转换和做功，人们通过各种控制措施来控制能量使其按照人们事先设计的能量流动通道传输，控制能量流动的措施一旦失效或被破坏，造成能量的意外释放，便可能产生事故；如果意外释放的能量作用于人体，且达到一定的程度，就会造成人员伤亡；如果意外释放的能量作用构筑物、机器、设备等物体，且达到一定的程度，就会造成构筑物、机器、设备等的损毁；意外释放的能量对人体的损伤或对各种物体的损毁的严重程度，取决于能量的大小、接触时间的长短、接触的频次、接触的部位，以及力的集中程度。

根据能量意外释放理论，管理好能量是预防事故的重要途径，具体措施包括：加强和完善能量产生、传输和做功的控制措施，防止能量意外释放；构筑人与物，人、物与能量的屏障，切断人和物与意外释放能量的接触。

4. 轨迹交叉理论

随着生产技术水平的提高和事故致因理论的不断完善，人们对人的因素和物的因素在事故致因中地位的认识发生了变化，不再认为人的不安全行为是引发事故发生的主要因素，比如约翰逊(W.G.Johnson)认为，一起伤亡事故的发生，除了人的不安全行为之外，一定存在着物的某种不安全状态，并且物的不安全状态对事故的发生作用更大一些。斯奇巴(Skiba)认为，生产操作人员与机械设备两种因素对事故的发生都有影响，并且机械设备的危险状态对事故的发生作用更大一些，只有当两种因素同时出现，才能发生事故。上述思想和观点即构成了现今的轨迹交叉理论，该理论主要观点为：在生产、生活过程中，存在着人的因素运动轨迹(生理和心理缺陷→社会环境和管理缺陷→后天身体缺陷→五官能量分配上的差异→行为失误)和物的因素运动轨迹(设计缺陷→制造和工艺流程的缺陷→维修和保养的缺陷→使用上的缺陷→作业场所环境的缺陷)，当这两个运动轨迹相交时，即当人的不安全行为和物的不安全状态在同一时间、同一空间发生时，则将在此时间和空间发生事故。轨迹交叉理论的基本思想可以图 4-6 说明。

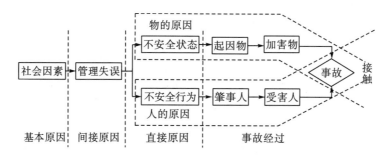

图 4-6 轨迹交叉理论模型

由图 4-6 可知，轨迹交叉理论将事故的形成过程描述为"基本原因→间接原因→直接原因→事故→伤害"，包括人的因素和物的因素两条运动轨迹，当这两条运动轨迹交叉时，就会发生事故。按照轨迹交叉理论，斩断物的因素运动轨迹上的事件链，避免人的因素运动轨迹和物的因素运动轨迹的交叉，就可以有效地防止事故的发生。

值得指出的是：由于人与物互为因果（物的不安全状态可能诱发人的不安全行为发生，反过来，人的不安全行为可能促进物的不安全状态发展，形成新的物的不安全状态），实际的事故形成过程并非简单地按照图 4-6 所示的人因轨迹和物因轨迹运行，而是呈现出更加复杂的关系。

5. 人失误理论

人失误理论主要有威格里斯沃思模型、瑟利模型和安德森模型三种事故致因理论模型。威格里斯沃思认为，在生产操作过程中，操作者会受到各种各样反映生产安全状态的信息刺激，若操作者能对刺激做出正确的反应，则可避免事故的发生。反之，如果对刺激做出错误或不恰当的反应，则会直接面临危险，至于危险是否会转化为事故，则取决于一些随机因素的影响。威格里斯沃思模型给出了人失误导致事故的一般模型，如图 4-7 所示。

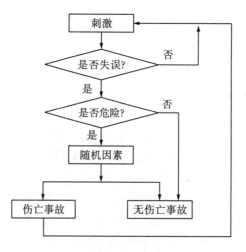

图 4-7 威格里斯沃思模型示意图

　　瑟利将事故的形成过程划分为危险出现和危险释放两个阶段,认为操作者在每一阶段对生产安全状态信息的处理都包含感觉、认识和行为响应三个环节,通过分析操作者在每一阶段的三个生产安全状态信息处理环节,剖析了事故发生的原因,为事故预防提供了理论依据。瑟利模型的示意图如图4-8所示。

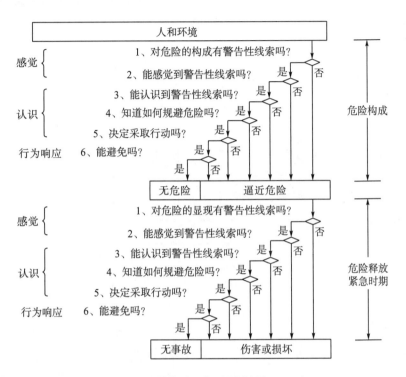

图 4-8　瑟利模型示意图(李树刚, 2008)

　　安德森在应用瑟利模型时发现它没有涉及机械及其周围环境的运行过程,没有探究为什么会产生潜在危险等问题。为此,安德森在瑟利模型基础上增加了一组涉及危险线索的来源与可观察性、运行系统(机械和环境)是否存在波动性,以及能否控制或减少运行系统的波动性等方面的问题。安德森模型(如图4-9所示)与瑟利模型的主要区别在于安德森模型是针对整个运行系统(机械和环境),而瑟利模型仅仅是针对具体的危险线索。

　　从上述三个人失误事故致因理论模型可以看出,人失误理论是一种基于人的认知过程分析的事故致因理论,其基本思想为:从人对信息处理过程的角度分析,把人在生产活动中受到各种信息刺激到做出行为响应的过程划分为感觉、认识和行为响应三个环节,把人对生产过程中各种信息的刺激的不正确感觉、不正确的认识和不正确的行为响应统称为人失误,从生产过程中的危险出现和危险释放两个阶段分别分析事故的形成原因。其基本观点为:人失误是各类事故形成的基础,人失误会导致事故发生;人对危险出现的感觉、认识和行为响应都正确,危险就能被消除或得到控制,反之就会直接面临危险;人对危险释放的感觉、认识和行为响应都正确,尽管仍然可能面临着已经显现的危险,但可以避免危险,不会造成伤害或损害,反之危险就会转化为伤害或损害——导致事故的发生。

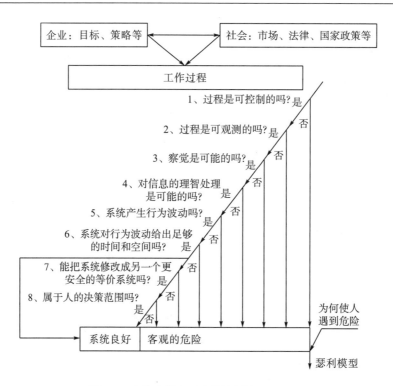

图 4-9　安德森模型示意图(李树刚，2008)

6. 动态变化理论

动态变化理论的基本观点是生产系统的内部条件和外部环境始终处于动态变化之中，如果行为者(管理人员、技术人员和操作人员等)不适应这些变化，则可能导致认识失误、决策失当、措施失效，最终导致事故的发生。动态变化理论主要包括扰动起源事故理论和变化-失误理论。扰动起源事故理论由本尼尔(Benner)于 1972 年提出，本尼尔把生产活动过程看作是一个自觉或不自觉地指向某一预期目标的由若干事件组成的事件链，把外界影响的变化称为扰动，把产生扰动的事件称为起源事件。本尼尔认为当行为者适应起源事件产生的扰动时，生产活动过程中的事件链处于自动平衡状态，不会产生事故；当行为者不适应起源事件产生的扰动时，生产活动过程中事件链的自动平衡状态被破坏，将产生一个新事件过程，即事故过程。为此，本尼尔认为可以把事故的形成看作是以事件链中的扰动为起点，以人员的伤亡或物的损毁为终点的过程，基于此，扰动起源事故理论又被称为"P理论"(perturbation theory)。扰动起源事故理论的示意图如图 4-10 所示。

变化-失误理论由约翰逊提出，约翰逊认为事故是由能量的意外释放引起的，而能量的意外释放是由于行为者不适应生产活动过程中人的或物的因素变化，产生了认识、计划、决策的失误，从而导致了人的不安全行为发生或物的不安全状态出现，使能量的屏蔽遭到了破坏或控制措施失效。因此，约翰逊认为变化是一种引发事故的潜在因素，应对影响生产活动的外部环境、内部条件、时间、技术等因素的变化给予足够的重视。变化-失误理论的示意图如图 4-11 所示。

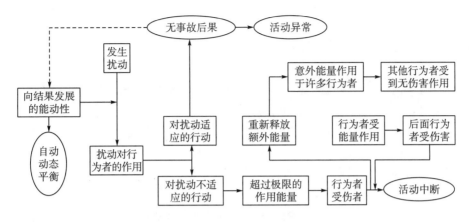

图 4-10　扰动起源事故理论示意图(李树刚，2008)

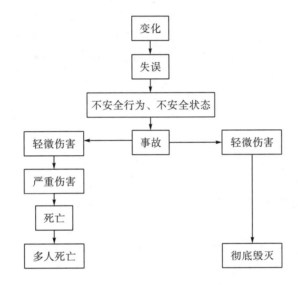

图 4-11　约翰逊变化-失误理论示意图(李树刚，2008)

　　需要指出的是：生产活动过程中出现的变化是不可避免的，并非所有的变化都是有害的。但从预防事故的角度，应随时监测生产活动过程中出现的变化，并预测其发展变化趋势，以便及时对可能出现的安全隐患采取对策和措施，以防止事故的发生。

4.4　生产安全事故预警分析技术与方法

　　生产安全事故预警分析技术与方法是指生产安全事故预警管理过程中各个环节所涉及的技术与方法，主要包括生产安全事故预警信息收集处理技术与方法、生产安全事故诱因分析及其预测技术与方法、生产安全事故预警指标体系构建的技术与方法、生产安全事故预警准则的确定及预警评价的技术与方法、预控对策制定的技术与方法，它们一起构成了生产安全事故预警技术与方法体系。

4.4.1　预警信息收集处理的技术与方法

生产安全事故预警的主要依据是预警信息，预警信息是影响生产经营系统运行状况的相关原始信息转换的结果。为了能及时、准确收集到原始信息，并将它们转换为征兆信息，涉及信息的收集、整理、统计、转换、存储和传输的技术和方法。

4.4.2　事故诱因分析及其预测的技术与方法

任何生产安全事故都是由一定的诱发因素引发的，事故征兆可能演变为事故也可能不会演变成事故，这就需要对生产安全事故的诱发因素进行分析，在此基础上根据生产安全事故诱发因素的特征及其相互影响关系预测生产安全事故征兆的未来变化趋势。生产安全事故诱因分析及其预测的技术与方法主要涉及以事故致因理论为基础的各种事故诱因分析、趋势预测法、因素相互影响预测，以及征兆信息可能结果预测法等。

4.4.3　预警指标体系构建的技术与方法

构建预警指标体系的目的是使预警信息定量化、条理化、标准化和实用化，涉及的主要方法包括预警指标的选择方法、分类方法和定量化方法等。

4.4.4　预警准则的确定及预警评价的技术与方法

预警准则是决定是否发出预警警报以及发出何种警报的标准，预警评价方法是统筹考虑多个预警指标提供预警信息的方法。对单项指标预警的预警标准的确定，一般参照国家、行业、企业的安全标准、技术规范、操作规范确定。对综合预警指标预警的预警标准确定则取决于预警评价得分值的取值范围以及预警等级的划分。预警评价方法主要涉及预警指标权重确定方法、预警指标信息综合方法。

4.4.5　预控对策系统的方法

预控对策是针对生产安全事故的不同警报程度采取的应急对策或对策思路。预控对策系统方法包括预防生产安全事故发生的对策和控制生产安全事故的对策和方法。

第5章　企业生产安全事故预警监测技术与方法

5.1　生产安全事故预警监测的含义

生产安全事故预警监测是指运用物理、化学、生物、医学、传感、遥测、网络视频、通信网络等现代科技方法和手段监视、测定、监控反映生产经营系统安全状态及其变化趋势的各种标志性数据，为生产安全事故的预控提供决策的科学活动。

生产安全事故预警监测的任务一是全方位、全过程、多层面监视和检测生产经营系统的各种危险源、危险因素，收集各种事故征兆，建立相应的数据库；二是整理、分类、存储、传输监测信息，建立信息档案，并进行历史和技术的比较。生产安全事故预警监测的重点是生产经营过程中可能导致安全事故发生的安全管理薄弱环节和重要环节。生产安全事故预警监测的主要手段是建立科学的监测指标体系，采用科学、实用的监测方法和技术，实现监测过程的程序化、标准化，监测结果的数据化和快速化。生产安全事故预警监测的目的是全面、客观、准确、及时地揭示生产安全事故的影响因素及其变化趋势，对生产经营系统的安全状态作出正确的评价，其内容涉及人员行为监测、设备及物料监测、生产环境监测和安全生产管理监测四个方面。

5.2　人的不安全行为监测

在绝大多数情况下，生产安全事故的发生与人的不安全行为和人失误都有着密切的关系。对人的不安全行为和人失误的监测不仅要鉴别人的不安全行为和人失误，还要调查人的不安全行为发生率和人失误率。鉴别人的不安全行为和人失误主要采用不安全行为和人失误检查表进行，调查人的不安全行为发生率和人失误率的方法主要有两种：一是对调查对象进行连续观测；二是采用抽样调查法。

（1）鉴别人的不安全行为和人失误的检查表法。该方法以生产安全事故统计数据中人的不安全行为和人失误表现、国家有关标准和规范列出的不安全行为的条文为依据，在征求安全管理人员、安全技术人员和现场操作人员意见的基础上，先编制不安全行为检查表，然后由训练有素的观察员按检查表上所列项目对研究对象涉及的人员进行定期或不定期的观测，以确定他们在工作过程中是否出现检查表中所列不安全行为或人失误，若存在则用"√"标记，若不存在则用"×"标记，并记录观察的时间、地点和具体的动作。观察员在进行实际观察之前，应先进行培训，培训的内容主要包括：熟悉不安全行为检查表、观看不安全行为表现的幻灯片和观察实习等。

(2) 人的不安全行为和人失误监测的抽样调查法。该方法以随机抽样统计原理为基础，用研究对象(总体)的一部分——样本的特征去推测研究对象(总体)的特征。大量的研究表明在一个工作日的不同时间段作业人员产生不安全行为的频率是不同的，为了保证观测的读数均匀地分布在一个工作日的不同时段，一般应采用按时间的分层随机抽样法，以使一个工作日的每个时段都包括在观察的范围内。对抽取的样本所包含的个体再按检查表法进行监测。

5.3　物的不安全状态监测

物的不安全状态包括设备、设施等的缺陷，防护、保险、信号等装置缺乏或有缺陷，劳动防护不符合安全要求，生产(施工)场地环境不良，物品贮存、保管不符合安全要求等。对物的不安全状态监测一般可根据设计、制造和生产技术规范、安全生产要求、导致生产安全事故的物的不安全状态的统计记录等制定物的不安全状态检查表，运用检查表法进行监测。随着科学技术的迅速发展和工业化进程的加快，使用的机器设备越来越多，机器设备间的关联关系越来越复杂，如何有效地监测机器设备运行状态对安全生产显得至关重要。

机器设备运行状态监测是指利用人的感觉器官、工具、现代信号处理技术、传感器技术、人工智能技术、网络通信技术等，对机器设备的运行指标(如温度、压力、转速、振幅、声音等)和工作性能的变化进行监视和测定，以判明其质量优劣、是否安全、有无异常和故障，为生产安全事故的预控提供决策依据。对机器设备运行状态的监测方法包括主观监测和客观监测两种。主观监测是凭借熟悉机器设备性能和特点的管理人员、技术人员、操作人员和维修人员的经验和知识，通过感觉器官直接观察机器设备，进而对机器设备状态作出判断的一种监测方法。

客观状态监测是利用各种工具和仪器对机器设备的状态进行监测的一种监测方法。可用于机器设备状态监测的工具很多，比如用千分尺、千分表、厚薄塞尺、温度计、测振仪等直接接触监测物的表面，便可获得磨损、变形、间隙、温度、振动等异常信息。随着现代科学技术的发展，出现了许多专业性较强的监测仪器，比如用于监测机器设备运转部分缺陷和故障的电子听诊器；用于监测轴承缺陷和故障的振动脉冲测量仪；用于探测电器设备的不良接触、过热部件等的红外热像仪；用于机器和零部件磨损检测的铁谱分析仪；用于机器设备运行振动和产品表面缺陷监测的闪频仪等。

5.4　环境的不安全条件监测

环境的不安全条件监测是指运用现代科学技术方法和相关仪器设备对安全生产所要求的环境条件(比如光线、通风、气温、有害气体含量等)进行定点、定时、长期观测，以便及时发现不符合安全生产的环境因素，为生产安全事故的预控提供决策依据。环境的不安全条件监测方法包括两种：一是根据国家、行业和企业有关标准和规范列出的环境不安全条件的条文和企业历年生产安全事故统计中关于环境的不安全条件统计资料编制环境的不安全条件检查表，运用检查表法进行监测；二是运用相关仪器设备进行监测。目前，可用于空气和废气监测的仪器有污染源烟尘(粉尘)在线监测仪，烟气 SO_2、NO_x 在线监测仪，环境空气地面自动监测系统，酸雨自动采样器等；可用于污染源和环境水质监测仪器有污染源在线监测仪器、环境水质自动监测仪器、总有机碳(TOC)测定仪等；用于电磁辐射和放射性监测的仪器有全向宽带场强仪、频谱仪、工频场强仪、大面积屏栅电离室α谱仪等。

5.5　管理失误或缺陷监测

管理失误或缺陷监测是指分别从技术管理、人员管理、劳动组织管理、现场管理、安全管理等方面检查、检测管理理念是否落后、管理方法是否科学、管理手段是否先进、管理制度是否健全、人员安排是否合理、指挥是否正确，以及管理是否到位等，以发现管理失误或缺陷，为生产安全事故的预控提供决策依据。对管理失误或缺陷的监测主要有两个途径：一是通过对各种管理标准、管理制度、管理规章、操作规程，以及历年的生产安全事故档案等的分析，发现可能存在的管理失误或缺陷；二是通过现场监测、观察和调查发现可能存在的管理失误或缺陷。

第6章　企业生产安全事故诱因分析技术与方法

6.1　生产安全事故诱因分析的理论模型

据统计分析，大约75%的生产安全事故都是由人为差错造成的，因此对生产安全事故的诱因分析应重点开展人为因素分析。人为因素分析模型是对生产安全事故进行全面分析的有力工具。其中，最为著名的人为因素分析模型是SHEL模型和Reason模型。它们突破了传统安全管理理念，为确认安全管理问题提供了系统分析方法，为解决人为因素的安全问题提供了更具体、更深刻、更实用的指导。SHEL模型一般作为事故调查收集事实信息的指导，而Reason模型一般是作为事实信息的分析框架。后来由美国开发的人为因素分析与分类系统(the human factors analysis and classification system，HFACS)和民航不安全事件人为因素分析模型(occurrence human factors analysis model，OHFAM)则是Reason模型的延续。由此可见，SHEL模型、Reason模型、HFACS模型和OHFAM模型构成了生产安全事故诱因分析基础理论模型。

6.1.1　SHEL模型

1. SHEL模型简介

英国学者Elwyn Edwards教授在系统研究安全事故人因因素及其关系的基础上，于1972年首次提出了安全工作中人所处的特定系统界面原理，该原理认为安全工作中人所处的特定系统界面由软件(software)、硬件(hardware)、环境(environment)和生命件(liveware)四个元素组成，分别取其首字母S、H、E、L来代表，由这四个元素组成的模型就是SHEL模型。Frank Hawkins于1975年对SHEL模型进行了改进，给出了以框图的形式描述的SHEL模型，该模型认为：人的失误容易产生于以人为中心的与软件、硬件、环境以及生命件之间的相互关系中。这些关系也被称为SHEL模型的四个界面(图6-1)：L-S界面、L-H界面、L-E界面、L-L界面。

SHEL模型强调以下几点：

(1)人为因素研究的基本要素包括硬件、软件、环境和生命件(人)，而不仅仅是生命件(人)。

(2)人与软件、硬件、环境以及人与人之间的界面不匹配是人为差错的根源，人为因素研究应重点研究与人有关因素间的界面的匹配问题。

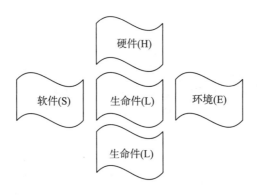

图 6-1　SHEL 模型

（3）人与其他要素的界面不是简单平直的，而是凸凹不平的，其他要素必须以多种界面形式与其匹配，以防止它们之间相互排斥或出现崩溃（事故）。

（4）生命件（人）是人为因素研究的关键要素。生命件（人）与其他要素之间要相互匹配，因此了解人的基本特性是人为因素研究的基础。

SHEL 模型形象地表述了人为因素研究的范围、基本要素以及它们之间的相互关系，它在生产安全管理中的用途有两个：一是指导安全生产管理，是现代生产安全管理理论基础的重要组成部分；二是用于安全事故诱因调查中的信息收集，以识别人与其他要素之间何处存在不匹配，并导致了安全事故的发生。

2. 基于 SHEL 模型的人为因素研究的内容

1）生命件（人）

生命件（人）是 SHEL 模型的中心，关于生命件（人）上收集到的数据包括身体数据、生理数据、心理数据以及社会心理数据四类。

2）生命件（人）-生命件（人）界面

人-人界面是指个体和其他人员在工作场所中的关系，包括人员（工作场所中的所有人员）之间相互影响、互相沟通（口头和非口头）等。研究人与人之间的关系，是为了营造积极向上、和谐互助的人际关系，以减少不良人际关系对人的行为的影响。

3）生命件（人）-硬件界面

人-硬件界面是指人与机器、设备、仪器、仪表等之间的关系。研究人与硬件之间的相互适应问题，是为了使硬件设计更适合人的要求。

4）生命件（人）-软件界面

人-软件界面是指人与操作程序、检查程序、应急程序、计算机应用程序等之间的关系。研究人与软件的关系，是为了便于简化作业环节，减少人的劳动负荷和劳动强度，进而减少人的失误。

5）生命件（人）-环境界面

人-环境界面是指个体与内外部环境的关系。内部环境是指直接的工作环境，包括温度、环境照明、噪声和空气质量；外部环境是指直接工作区域以外的物理环境以及工作系统运行所处的政策和经济环境。

综上所述，若将 SHEL 模型应用于生产安全事故的诱因分析中，则基于 SHEL 模型的人为因素研究涉及了生产经营系统运行的各个环节的因素，特别适用于生产安全事故调查中的初始信息收集。但由于 SHEL 模型并没有按照事故链的模式把生产安全事故的形成、发展过程串在一起，因此利用 SHEL 模型并不能很好地判断生产安全事故是如何发生的，还需要有后续模型的开发。

另外，需要指出的是：由于 SHEL 模型没有考虑外围 4 个界面，即硬件、软件、环境、人之间的匹配，没有涉及管理这个极其重要的因素，使得利用 SHEL 模型还不能全面地认识生产经营系统。正是由于 SHEL 模型存在这一不足，日本学者 Kawano 于 2002 年将管理因素引入 SHEL 模型对 SHEL 模型进行了改进，给出 M-SHEL 模型，如图 6-2 所示。

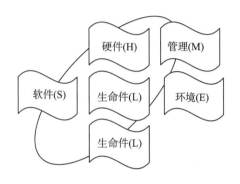

图 6-2　M-SHEL 模型

M-SHEL 模型中的管理因素作为硬件、软件、环境、生命件(处于中心的"L")、生命件(处于外围的"L")的枢纽对整个界面系统起到协调和控制作用。M-SHEL 模型不仅可用于生产安全事故的人因分析，而且还可以作为生产安全事故的分析框架。当将 M-SHEL 模型用于生产安全事故分析时，不应再仅仅关注人的失效，而应将管理、硬件、软件、环境、生命件(处于中心的"L")、生命件(处于外围的"L")作为生产安全事故分析框架的 6 个平行失效模型展开分析。

6.1.2　Reason 模型

1. Reason 模型

Reason 模型，又称"瑞士奶酪模型"，是英国曼彻斯特大学教授 James Reason 在系统研究了已有的多米诺、事件链、SHEL 模型等事故致因理论中关于人为差错的各种观点之后，于 1990 年在其所著的人为差错论著 Human Error 中提出的概念模型。Reason 模型的核心思想是从系统的角度出发，认为事故的诱发因素分析不仅要分析安全事故行为人的行为，而且还要剖析影响行为人的潜在组织因素(如管理者、利益相关者、企业文化的间接影响等)，用一个逻辑统一的事故反应链将所有相关因素串联起来，其基本观点为：①生产系统失效是引发事故发生的根本原因，生产系统失效表现为显性失效和隐性失效两种；②事故的诱发因素具有层次性，无论哪一个层面上都存在着许多缺陷或不足；③事故的发生是生产系统的一系列缺陷共同作用的结果，而不是孤立因素所导致的；④当生产系统各层面上的某些缺陷处于贯穿状态，且形成一个事故诱因反应链时，便会发生事故；⑤减少生产系统各环节的缺陷数和消除各环节缺陷的联动性是提高生产系统安全水平的两个基本途径。

2. Reason 模型的基本内容

Reason 模型的基本内容可概括为以下两点。

1)生产系统的元素

Reason 模型的基本假设为：所有生产系统都由决策者、生产管理、可靠机器设备、训练有素的专业化人员、防护和安全防线等基本元素组成。由决策层、生产管理层、前提条件、生产活动、防线构成层次结构系统，如图 6-3 所示。

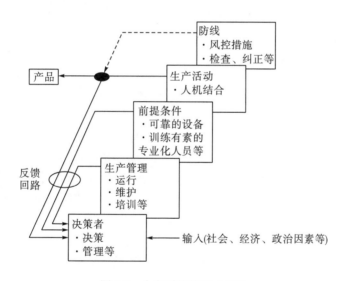

图 6-3　生产系统的组成元素

(1)决策层。负责在综合考虑社会、经济和政治环境影响，以及组织内部管理人员和员工的反馈意见的情况下，确定决策目标、制定决策方案，并组织实施，管理可用资源，以达到生产系统安全有效运行的目标。

(2)生产管理层。通过对机器、设备、设施和人员等要素的有效管理和严格监督,执行上级管理层的决策。

(3)前提条件。上级管理层的决策得到有效执行、生产管理层的管理措施发挥预期作用的前提条件是拥有安全可靠、保养良好的装备和训练有素的专业化员工。

(4)生产活动。为高效率地生产合格的产品，人机必须配合协调、有效结合。

(5)防护和安全防线。通过风险管理、检查、纠错、消除不良的运行条件和人的不安全行为等措施，预防可预测的伤害、损坏和损失。

2）生产系统的崩溃

Reason 认为事故发生在生产系统中组成元素间的交互出现失效的地方，这些失效可用生产系统的不同层次中的"洞"来描述，从产生这些失效开始，生产系统便逐渐失效，直到各层次"洞"处于贯穿状态时便可能引发生产系统的崩溃——事故的发生，由于这样的事故诱因分析模型的结构与瑞士奶酪的结构相似，在学术界将这种事故诱因分析模型称为事故致因的"瑞士奶酪模型"，简称为 Reason 模型，如图 6-4 所示。

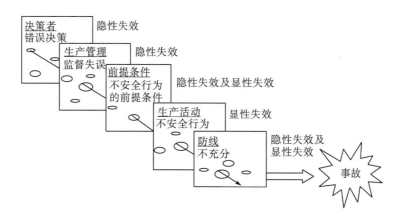

图 6-4 事故致因的 Reason 模型

6.1.3 HFACS 模型

1997 年，Douglas A.Wiegmann 和 Scott A.Shappell 在 Reason 模型的基础上，根据 300 多起美国海军航空事故的数据开发了人为因素分析与分类系统 HFACS。HFACS 模型是一种综合的人失误分析方法，它解决了人失误理论与实践应用长期分离的状态，已成为航空飞行事故调查普遍使用的人因分析与分类工具。HFACS 模型定义了 Reason 模型中的隐性因素和显性因素，描述了不安全行为、不安全行为的前提条件、不安全监督和组织影响四个层次的失效，其具体结构如图 6-5 所示。

1. 不安全行为

人的不安全行为是航空飞行系统存在问题的直接表现，属显性失效因素，人的不安全行为包括差错和违规两类。

（1）差错。是指由于经验不足、认知偏差、技术水平低等原因引发的不安全行为，包括决策差错、技术差错和认知差错。决策差错是执行的行为计划不符合实际情境的要求，主要涉及流程分析出错、方法措施选择出错和问题解决出错三类；技术差错是指技能类行为上发生的失误，如漏掉程序步骤、注意力分配不当、记忆错误等；认知差错是指一个常见的感知与实际情况不一致而造成的失误，如对视觉错觉、空间定向障碍等。

（2）违规。是指有意违反飞行安全相关的规章制度，分为习惯性违规和偶然性违规。

习惯性违规是指持续时间长、出现频率高，以致"习惯成自然"的违规，这类违规很有可能引发安全事故，但却往往被容忍或被监督组织接受；偶然性违规是指与个人的行为习惯或组织管理制度无关的、偶然出现的违规，由于心情不好、身体不适等原因引起的、不经常发生的违规等。

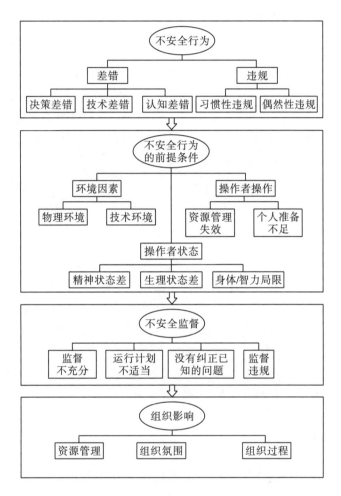

图 6-5　人为因素分析与分类系统(HFACS)

2. 不安全行为的前提条件

不安全行为的前提条件是指直接导致安全事故发生的主客观条件，包括环境因素、操作者状态和操作者操作。

(1)环境因素是指操作者操作所处的客观环境条件，包括物理环境和技术环境。物理环境包括操作环境(如气象、高度、地形等)和操作者的周围环境(如驾驶舱的温度、振动、照明等)。

(2)操作者状态是指对人的工作绩效有影响的精神状态、生理状态和能力(智力)状况，如精神状态差(精神疲劳、自满、警惕性低等)、生理状态差(生病、身体疲劳、服用药物、出现幻觉等)、身体(智力)局限(如视觉局限、体能不适应、反应慢等)。

（3）操作者操作是指影响操作者操作的相关因素，主要包括机组资源管理失效和个人准备不足。机组资源管理失效是指在执行飞行任务过程中飞机、空管、机场等自身及相互间信息沟通不畅、团队合作不够等；个人准备不足是指在执行飞行任务前没有遵守机组休息的要求、训练不足、滥用药物等。

3. 不安全监督

不安全监督是指没有严格按照安全监督规章进行有效的安全监督，主要包括监督不充分、运行计划不当、没有纠正问题和监督违规四个方面。监督不充分是指监督者或组织者对监督对象没有提供系统的专业指导、培训、监督等；运行计划不当是指人员配备不当、时间安排不合理、任务或工作负荷过量、休息时间不够等；没有纠正问题是指在已经知道人员、培训和其他相关领域存在不足的情况下，不及时纠正，仍然让其继续下去的情况；监督违规是指不按监督规章进行有效监督，如允许没有取得相关资格的人员从事相关有资质要求的工作等。

4. 组织影响

组织影响是指组织的规章制度不健全、组织氛围不良、资源管理不当等对人的行为影响，主要包括资源管理不当、组织氛围不良和组织过程漏洞三个方面。资源管理不当包括人力、物力、财力等资源分配不适当，没有把有限的资源投放到最需要的地方；组织氛围不良是指组织结构、组织文化、规章制度等不利于工作绩效的提高；组织过程漏洞是指组织的行政决定、流程安排不合规，执行的相关标准不完善等。

HFACS 模型最大的改进之处就是定义了 Reason 模型中"奶酪中的洞"，即更明确了隐性失效和显性失效的类型,为事故调查与分析提供可了操作性。

6.1.4　OHFAM 模型

由于 HFACS 模型的各层次影响因素分类与我国的国情有所出入，为此中国民航科学技术研究院在 HFACS 模型的基础上，结合我国以前的安全信息分析的研究成果，于 2007 年建立了更适合中国民航实际运营的民航不安全事件人为因素分析模型(OHFAM)，如图 6-6 所示。在该模型中添加一个管理层，即民航业的最高管理当局——政府因素，这个层次的添加为深入事故的诱因提供了帮助。

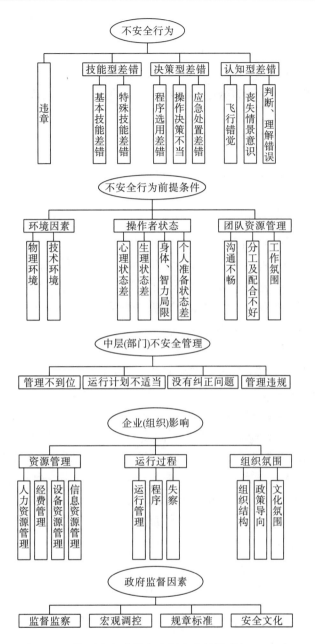

图 6-6　民航不安全事件人为因素分析模型(OHFAM)

6.2　生产安全事故诱因分析分类体系的构建

构建生产安全事故诱因分析分类体系是全面、深入地分析生产事故产生原因的基础性工作。只有构建了科学合理的生产安全事故诱因分析分类体系，才能全面揭示出引发生产安全事故的所有诱因，为系统预防生产事故奠定基础；只有构建了科学合理的生产安全事故诱因分析分类体系，才能建立生产安全事故诱因分析数据库，为定量分析和预测生产安全事故诱因奠定基础。

构建生产安全事故诱因分析分类体系的基本思路为：以人的失误理论为指导，运用詹姆斯·里森(James Reason)模型原理，结合人因事故的具体情况，首先分析引发事故的显性原因，再分析隐性原因，最后分析事故的深层次原因，由此构成事故诱因的分析分类体系框架。具体步骤如下：

第一步，结合行业和企业的安全生产管理的实际情况，合理划分生产安全事故诱因分析的层次结构。

第二步，根据生产安全事故案例的统计数据分析人的不安全行为的表现形式，并进行归纳、分类。

第三步，系统分析不安全行为的前提条件，并进行归纳和分类。

第四步，分析各管理层的不安全管理及其对生产经营系统安全运行的影响。

第五步，在上述分析的基础上，构建出生产安全事故诱因分析分类体系。

下面，以中国石油天然气集团有限公司的 79 个井喷事故案例的相关资料为基础，结合其生产经营管理模式和特点，以构建石油钻井井喷事故诱因分析分类体系为例，说明如何构建生产安全事故诱因分析分类体系。

本书采用中国石油天然气集团有限公司 79 个井喷事故案例，包括钻井部分 59 个案例，井下作业部分 20 个案例。钻井部分的井喷案例包括钻井过程中发生的井喷案例 25 个，起下钻过程中发生的井喷案例 28 个，测井过程中发生的井喷案例 3 个，完井过程中发生的井喷事故 2 个，其他意外引起的井喷案例 1 个；井下作业部分的井喷案例包括试油过程发生的井喷案例 8 个、射孔作业过程中发生的井喷案例 7 个、酸化作业过程中发生的井喷案例 2 个、测试过程中发生的井喷案例 1 个、修井过程中发生的井喷案例 1 个、其他情况下发生的井喷案例 1 个。中国石油天然气集团有限公司的管理采用集团公司—地区分公司—矿区-作业区四级管理模式。在此基础上，运行 Reason 模型的思想，将石油钻井井喷事故诱因分析划为如下五个层次：不安全行为、产生不安全行为的前提条件、钻井公司的不安全管理、地区分公司的不安全监督和集团公司的影响因素。下面，依次分析各层次的不安全因素。

6.2.1　不安全行为

不安全行为是指在生产过程中易于引发事故或在事故发生过程中扩大事故损失的行为，钻井施工人员的不安全行为主要表现为违规和失误。

1. 违规

违规是指钻井施工人员在生产活动中出现的违章指挥生产、违章作业、违反劳动纪律的行为。

违章指挥是指钻井施工人员违反安全生产方针、政策、法律、条例、规程、制度和有关规定指挥生产的行为。

违章作业是指钻井施工人员违反劳动生产岗位的安全规章和制度(如安全生产责任制、安全操作规程、工作交接制度等)的作业行为。

违反劳动纪律是指钻井施工人员违反钻井施工单位的劳动纪律的行为。

2. 失误

失误是指个人导致生产经营活动没有达到预期结果的精神的和身体的活动,具体包括技术型失误、决策型失误和认知型失误。

(1)技术型失误。技术型失误是指在坚持制度的前提下,由于业务繁忙、工作强度大、心理紧张、生理不适等原因导致钻井施工人员在操作过程中需要用手、脚、五官等躯体完成的高度自动化的行为上出现了差错。技术型失误一般包括两类:一是疏忽性失误。疏忽性失误是指由于遗漏或遗忘造成的失误。二是操作性失误。操作性失误是指由于操作不当而造成的失误。例如,操作错误、调整错误、下意识的动作、手工代替工具操作、人为造成安全装置失效等。

(2)决策型失误。决策型失误是指在认识基本清楚的情况下由于缺乏必要的知识和经验而做出了错误的决定。决策型差错可以分为程序选用失误、操作不当失误和应急处置失误。

程序选用失误是指由于缺乏必要知识和经验的原因在紧急情况下没有识别出危险或被错误识别,导致应用了错误的程序发生的失误。

操作不当失误是指个体在面对某种情况时,由于知识的欠缺、经验的不足,导致的错误的选择。

应急处置失误是指钻井施工人员在面对时间压力的时候,对问题的不理解或者理解不彻底导致的差错。

(3)认知型失误。认知型失误是指钻井施工人员各感觉(视觉、听觉、触觉、体觉和嗅觉等)器官、各功能(听力、视力等)系统、生理节奏和疲劳特性等处于不稳定的非正常状况导致一个知觉与实际情况不符时发生的差错。认知型失误包括环境感知错觉、丧失情景意识和判断理解错误。

环境感知错觉是指在特定条件下产生的对客观事物的歪曲知觉,包括几何图形觉、时间错觉、运动错觉、空间错觉以及整体影响部分的错觉、声音方位错觉、触觉错觉等。

丧失情景意识是指在特定的情况下对客观事物失去了知觉。

判断理解错误是指由于钻井施工人员缺乏必要的知识和经验对客观事物的错误判断和理解。

综合上述分析知,钻井施工人员的不安全行为分类如图6-7所示。

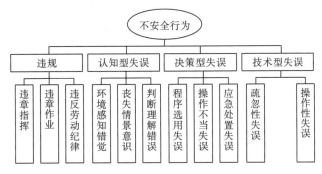

图6-7　钻井施工人员的不安全行为分类

6.2.2　产生不安全行为的前提条件

不安全行为的产生取决于人所处的时空条件及其自身的心理和生理方面的原因。在分析人因安全事故的诱因时如果仅仅盯住不安全行为而不深入分析产生不安全行为的原因和条件，就无法真正控制不安全行为。因此，为了预防石油钻井井喷事故的发生，必须深入挖掘钻井施工人员的不安全行为发生的原因和条件，即分析钻井施工人员不安全行为的前提条件——环境因素、操作者状态、机器设备状态和团队人员管理四个方面，具体如图 6-8 所示。

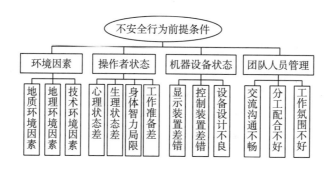

图 6-8　不安全行为的前提条件分类

1. 环境因素

环境因素是指引发钻井施工人员不安全行为的自然环境和技术环境因素。在钻井井喷事故人为因素分析模型中，环境因素包括：地质环境、地理环境和技术环境三个方面。

地质环境是指钻井施工所钻遇地层的压力、孔隙度、渗透度、油气组分和地质构造等因素，对这些因素认识不清或理解错误，则易造成钻井施工人员采取不正确的行动。

地理环境是指钻井施工场所的地理位置以及与此相联系的各种自然条件的总和，包括地形、地貌、气候、河流、湖泊、动植物资源、人员居住分布、道路交通等。对地理环境因素认识不清，一旦发生井涌、井喷事故，则可能造成钻井施工人员处置不当，造成事故损失的扩大。

技术环境是指钻井施工机器、设备、仪表的设计、显示及界面特征，以及操作和使用的方法和程序等。对钻井施工机器、设备、仪表的性能、使用方法的不完全了解，则会引起钻井施工人员的误操作，轻者造成钻井施工机器、设备、仪表的损毁、人员的伤亡，重者引发井涌、井喷事故。

2. 操作者状态

操作者状态是指石油钻井施工人员的个体状况，具体包括钻井施工人员的心理状态、生理状态、身体 / 智力局限、工作准备状况。钻井施工人员的状态不良通常都会影响钻井施工人员的工作绩效。

（1）心理状态，是指钻井施工人员的思维、情绪、性格、能力、动机、信念、注意力等。由于人的行为是受其心理活动支配的，因此钻井施工人员心理的不良状态是造成钻井施工人员的不安全行为的重要原因。

（2）生理状态，是指钻井施工人员的各感觉器官、各功能系统、生理节奏和疲劳特性等所处的状态，若钻井施工人员的生理状态处于不稳定的非正常状况，则可能引发钻井施工人员的感知错误、听力和视力障碍等，进而诱发钻井施工人员的不安全行为发生。

（3）身体／智力局限，是指钻井施工人员的身高、体力、知识、技术无法完全胜任所分配的岗位任务。如把未经系统培训的农民工分配到钻工、司钻、井架工等岗位上，由于他们缺乏必备的知识和技能，极易引发他们的不安全行为。

（4）工作准备状况，是指钻井施工人员上岗之前在体力和精力方面的准备情况。若钻井施工人员违反作息规定，不遵守饮酒制度，私自用药等，都可能引发钻井施工人员的不安全行为。

需要指出的是：在井喷事故调查的人为因素分析中，调查分析员首先要确认钻井施工人员的动机是否良好，只有排除了井喷事故不是不良的心理驱力（如对工作感到厌烦、愤怒、蓄谋已久）造成的，才能进行合理的人为因素分析。

3. 机器设备状态

机器设备状态是指人机界面上的显示、控制装置的功能、结构、形状和配置是否符合人因工程学的要求，是否符合人的生理、心理特性，是否设有安全装置等。设备状况引发人的不安全行为的因素主要包括：显示装置差错、控制装置差错、设备设计不良等。

4. 团队人员管理

团队人员管理是指钻井施工人员及其与其他人员在钻井施工过程中的关系的管理。团队人员管理不当主要包括交流沟通不畅、分工配合不恰当、工作氛围不融洽等，所有这些都可能影响到钻井施工人员的表现、态度、工作压力水平、任务需求和工作负荷的觉察能力。

6.2.3　钻井公司的不安全管理

钻井公司是钻井队的直接管理单位，它的不安全管理是指钻井公司领导对安全管理不够重视、安全管理制度不健全、安全管理组织和计划不够严密、监督检查不到位、缺乏必要的职业适应性检查和培训等。事实证明，缺少监督和管理为一线钻井施工人员的很多违规或其他不安全行为提供了恣意发展的条件。因此，要彻查石油钻井井喷事故就必须考虑钻井公司在其中扮演的角色。通过对钻井井喷事故的统计分析，钻井公司的不安全管理主要表现在以下六个方面：安全责任不到位、管理制度不健全、运行计划不严密、监督检查不落实、问题纠正不及时和违章、违规管理，如图 6-9 所示。

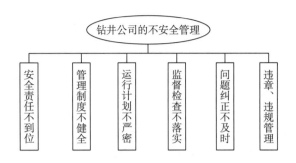

图 6-9　钻井公司的不安全管理分类

(1)安全责任不到位,是指各部门、各岗位在有责、知责、尽责方面落实得不到位,即各部门、各岗位的安全责任界定不清楚、不全面、不科学;安全责任制度宣传学习不到位,未能让各级各类人员都清楚、理解安全责任的范围和具体条款;安全责任执行力不强、落实不到位,各级各类人员未能充分负起应负的安全责任。

(2)管理制度不健全,是指安全生产管理的组织机构、安全生产责任制、安全生产监督机制、安全生产奖罚制度等不健全、没有落到实处。

(3)运行计划不严密,是指钻井计划的制定不符合安全生产的客观规律,人员、技术、装备、资金等没有达到钻井施工的要求,随意改变钻井施工的进度、变更钻井施工工艺、压缩钻井施工的成本、抽调钻井施工人员。

(4)监督检查不落实,是指未能实地、及时地按安全责任清单的内容一一监督、检查安全责任的落实情况。

(5)问题纠正不及时,是指未能对监督检查过程发现的人员、装备、技术、培训及其他相关安全领域存在的不足及时采取有效措施。

(6)违章、违规管理,是指公司各级领导利用自己的职权违反现有的规章制度和没有执行现有规章制度的现象。

6.2.4　地区分公司的不安全监督

中国石油天然气集团有限公司对 HSE 的管理实行属地管理、直线责任的管理模式。属地管理是指工作场所的人员对所管辖区域内的人员(包括自己、同事、承包商员工和访客)安全、设备设施完好、作业过程安全、工作环境整洁的责任管理。直线责任指 HSE 管理各层级的负责人和部门要各司其职,上级指挥下级,下级对上级负责。按照属地管理、直线责任的要求,地区分公司对钻井公司的安全监管是指对钻井公司安全管理运行过程中的各项具体活动实施检查、审核、监督、督导和防患促进的一种管理活动。地区分公司的不安全监督包括:人员安全监管不到位、作业活动监管不到位、设备设施监管不到位、技术工艺监管不到位、安全规定落实不到位,如图 6-10 所示。

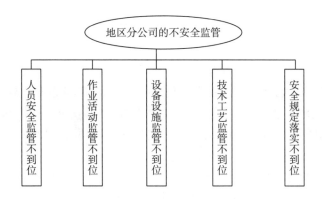

图 6-10　地区分公司的不安全监管分类

6.2.5　集团公司的影响因素

中国石油天然气集团有限公司负责整个集团公司的经营方针、政策、行业标准的制定和改革设计,集团公司管理者的任何不适当的决策都有可能影响到专业分公司、地区分公司和钻井公司的管理决策。集团公司的影响因素主要包括资源管理、运行过程、组织氛围、规章标准、安全文化,如图 6-11 所示。

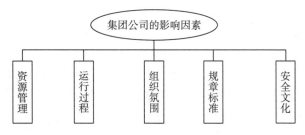

图 6-11　集团公司的影响因素分类

(1)资源管理是指对所有层次的组织资源(如人力资源、资金、设备、信息等)分配及维护的决策。集团公司直接决定了地区分公司的人事任命、资金划拨、投资与任务分配等,进而影响到钻井公司和每一位员工的生活和工作。

(2)运行过程是指对生产计划的制定、生产任务的分配、生产任务的检查与落实、绩效考核与奖惩等。通过对生产过程的管理直接影响各层级、各类型员工工作的质与量,以及工作的积极性和创造性。

(3)组织氛围是指集团公司的员工对一些事件、活动和程序以及那些可能会受到奖励、支持和期望的行为的认识,它一般通过组织结构、组织文化和政策导向反映出来。组织结构包括行政管理系统、授权方式、信息传递方式以及行为责任。组织文化指的是组织的非官方的、没有明说的规矩、价值观、态度和习惯。政策导向是正式的指导方针和政策。

(4)规章标准是指中国石油天然气集团有限公司所属企事业单位安全生产行为的准绳以及实施监督检查的标尺和规范,它是对安全生产规律、工作经验和实践的理性归纳和系统总结,是安全管理及其生产运行工作的重要准则和基本依据。如果中国石油天然气集团有限公司在安全管理和安全生产方面的规章与标准建设方面存在问题，则企业的安全管理及其实施将缺少依据，必将发生混乱，给安全生产带来不利影响。

(5)安全文化是指在企业的生产活动中为保护职工的安全与健康所创造的有关物质财富和精神财富的总和，它包括安全物质文化(即为保护职工身心安全与健康而创造的安全而舒适的生产、生活环境和工作条件)、安全制度文化(即安全管理机制、安全规章制度、安全规程标准与安全行为规范等)、安全知识文化(即安全思想和意识、安全科学、安全技术、职业卫生知识、安全审美与安全文学艺术等)、安全价值文化(即职工的安全价值观、安全审美观、安全作风和态度、安全的心理素质等)，以及企业的安全氛围、安全生产奋斗目标和进取精神等。如果中国石油天然气集团有限公司在安全文化方面存在问题或者不足，将会对其安全管理造成消极的影响，给整个中石油的安全管理造成困难。

6.3　生产安全事故诱因分析方法

分析事故诱因的方法很多，主要包括相关分析法、灰色关联分析法、聚类分析法、比例矩阵分析法和条件比例矩阵分析法等。本节主要介绍相关分析法、灰色关联分析法和聚类分析法。

6.3.1　相关分析法

相关分析法是研究两个或两个以上随机变量间的相关形式及其相关程度的分析方法，通常用相关系数来测度变量间线性相关的程度。如果给出 X 与 Y 的一组样本观测值(X_i, Y_i)，其中 $i=1, 2, \cdots, n$，则变量 X 和 Y 的相关系数 r_{XY} 为

$$r_{XY} = \frac{\sum_{i=1}^{n} (X_i - \overline{X})(Y_i - \overline{Y})}{\sqrt{\sum_{i=1}^{n}(X_i - \overline{X})^2} \sqrt{\sum_{i=1}^{n}(Y_i - \overline{Y})^2}} \qquad (6\text{-}1)$$

式中，$\overline{X}$ 和 $\overline{Y}$ 分别是变量 X 和 Y 的样本均值，即

$$\overline{X} = \frac{1}{n}\sum_{i=1}^{n} X_i ; \quad \overline{Y} = \frac{1}{n}\sum_{i=1}^{n} Y_i$$

相关系数的值介于 $-1 \sim 1$，一般将变量 X 与 Y 间的线性相关关系划分为三级：$|r_{XY}| < 0.4$ 为低度线性相关；$0.4 \leqslant |r_{XY}| < 0.7$ 为显著线性相关；$0.7 \leqslant |r_{XY}| < 1$ 为高度线性相关。

将相关分析法用于生产安全事故诱因分析，不仅可以分析生产安全事故与事故诱因相关的程度，而且还可以分析事故诱因间的相关程度，这为找出生产安全事故的主要诱因及诱因间的关系提供了技术和方法。

设按事故诱因分析分类体系已确定某类生产安全事故涉及的事故诱因有 m 个，现收集到该类生产安全事故在 n 年中发生次数的统计数据 $Y=\{y_1, y_2, \cdots, y_n\}$，其中 y_i 表示

第 i 年该类生产安全事故发生的个数($i=1$，2，$\cdots$，n)；生产安全事故的第 j 个诱因的统计数据为 $X_j = \{x_1(j)$，$x_2(j)$，$\cdots$，$x_n(j)\}$，其中 $x_i(j)$ 表示生产安全事故的第 j 个诱因在第 i 年的 y_i 个生产安全事故中出现的次数，$i=1$，2，$\cdots$，n，$j=1$，2，$\cdots$，m。

1. 生产安全事故的第 j 个诱因与生产安全事故的相关性分析

分析生产安全事故的第 j 个诱因与生产安全事故的相关性，可以弄清生产安全事故的第 j 个诱因与生产安全事故的发生是否相关，以及相关的程度。生产安全事故的第 j 个诱因与生产安全事故的相关系数 r_{X_jY} 为

$$r_{X_jY} = \frac{\sum_{i=1}^{n}(x_i(j) - \bar{X}_j)(y_i - \bar{Y})}{\sqrt{\sum_{i=1}^{n}(x_i(j) - \bar{X}_j)^2}\sqrt{\sum_{i=1}^{n}(y_i - \bar{Y})^2}} \tag{6-2}$$

式中，$\bar{X}_j$ 为生产安全事故的第 j 个诱因在 n 年中出现次数的算术平均；$\bar{Y}$ 为该类生产安全事故在 n 年中发生次数的算术平均，即

$$\bar{X}_j = \frac{1}{n}\sum_{i=1}^{n}x_i(j) ; \quad \bar{Y} = \frac{1}{n}\sum_{i=1}^{n}y_i$$

判别准则：①r_{X_jY} 越大，该类生产安全事故的发生越与生产安全事故的第 j 个诱因相关，即生产安全事故的第 j 个诱因引发该类生产安全事故的可能性就越大；②当 $|r_{X_jY}| < 0.4$ 时，生产安全事故的第 j 个诱因与该类生产安全事故为低度线性相关；③当 $0.4 \leq |r_{X_jY}| < 0.7$ 时，生产安全事故的第 j 个诱因与该类生产安全事故为显著线性相关；④当 $0.7 \leq |r_{X_jY}| < 1$ 时，生产安全事故的第 j 个诱因与该类生产安全事故为高度线性相关。

2. 生产安全事故的第 i 个诱因与生产安全事故第 j 个诱因的相关性分析

生产安全事故的第 i 个诱因与生产安全事故的第 j 个诱因的相关系数 $r_{X_iX_j}$ 计算公式为

$$r_{X_iX_j} = \frac{\sum_{t=1}^{n}(x_t(i) - \bar{X}_i)(x_t(j) - \bar{X}_j)}{\sqrt{\sum_{t=1}^{n}(x_t(i) - \bar{X}_i)^2}\sqrt{\sum_{t=1}^{n}(x_t(j) - \bar{X}_j)^2}} \tag{6-3}$$

式中，$\bar{X}_i$ 为生产安全事故的第 i 个诱因在 n 年中出现次数的算术平均；$\bar{X}_j$ 为生产安全事故的第 j 个诱因在 n 年中出现次数的算术平均，即

$$\bar{X}_i = \frac{1}{n}\sum_{t=1}^{n}x_t(i) ; \quad \bar{X}_j = \frac{1}{n}\sum_{t=1}^{n}x_t(j)$$

判别准则：$r_{X_iX_j}$ 越大，生产安全事故的第 i 个诱因与生产安全事故的第 j 个诱因相关性越强。

6.3.2 灰色关联分析法

灰色关联分析法是一种以各因素的样本数据为依据,用灰色关联度来描述因素间关系的强弱、大小和次序的分析方法。灰色关联分析法可用于分析生产安全事故与其诱发因素间的关联性,为找出生产安全事故的主要诱发因素提供技术和方法。

设按事故诱因分析分类体系已确定某类生产安全事故涉及的事故诱因有 m 个,现已收集到该类生产安全事故在 n 年中发生次数的统计数据 $X=\{x_1,\ x_2,\ \cdots,\ x_n\}$,其中 x_i 表示第 i 年该类生产安全事故发生的次数($i=1,\ 2,\ \cdots,\ n$);生产安全事故的第 j 个诱因的统计数据为 $X_j=\{x_1(j),\ x_2(j),\ \cdots,\ x_n(j)\}$,其中 $x_i(j)$ 表示生产安全事故的第 j 个诱因在第 i 年的 x_i 个生产安全事故中出现的次数,$i=1,\ 2,\ \cdots,\ n$,$j=1,\ 2,\ \cdots,\ m$。则将灰色关联分析用于生产安全事故诱因分析的步骤如下。

第一步,确定分析序列。

由于分析的目的是找出生产安全事故与其诱因的关联关系,因此将生产安全事故统计数列 $X=\{x_1,\ x_2,\ \cdots,\ x_n\}$ 作为参考数列,将生产安全事故诱因的统计数列 $X_j=\{x_1(j),\ x_2(j),\ \cdots,\ x_n(j)\}$ 作为比较数列($j=1,\ 2,\ \cdots,\ m$),由这 $m+1$ 个数列形成如下的基础数据矩阵:

$$\left[X, X_1, X_2, \cdots, X_m\right] = \begin{bmatrix} x_1 & x_1(1) & x_1(2) & \cdots & x_1(m) \\ x_2 & x_2(1) & x_2(2) & \cdots & x_2(m) \\ \vdots & \vdots & \vdots & & \vdots \\ x_n & x_n(1) & x_n(2) & \cdots & x_n(m) \end{bmatrix} \tag{6-4}$$

第二步,求差序列、最大差和最小差。

(1)计算基础数据矩阵的第一列与其余各列对应数据的绝对差值,得到绝对差值矩阵:

$$\Delta = \begin{bmatrix} \Delta_1(1) & \Delta_1(2) & \cdots & \Delta_1(m) \\ \Delta_2(1) & \Delta_2(2) & \cdots & \Delta_2(m) \\ \vdots & \vdots & & \vdots \\ \Delta_n(1) & \Delta_n(2) & \cdots & \Delta_n(m) \end{bmatrix} \tag{6-5}$$

式中,$\Delta_i(j) = |x_i - x_i(j)|$,$i=1,\ 2,\ \cdots,\ n$,$j=1,\ 2,\ \cdots,\ m$。

(2)计算最大差 $\Delta(\max)$ 和最小差 $\Delta(\min)$:

$$\Delta(\max) = \max_{\substack{1\leqslant i\leqslant n \\ 1\leqslant j\leqslant m}}\left\{\Delta_i(j)\right\};\ \ \Delta(\min) = \min_{\substack{1\leqslant i\leqslant n \\ 1\leqslant j\leqslant m}}\left\{\Delta_i(j)\right\} \tag{6-6}$$

第三步,计算关联系数 $\xi_i(k)$。

关联系数 $\xi_i(k)$ 的计算公式为

$$\xi_i(k) = \frac{\Delta(\min) + \rho\Delta(\max)}{\Delta_i(k) + \rho\Delta(\max)}\ (i=1,\ 2,\ \cdots,\ n;\ k=1,\ 2,\ \cdots,\ m) \tag{6-7}$$

以关联系数 $\xi_i(k)$ 为元素得到关联系数矩阵:

$$
\begin{bmatrix}
\xi_1(1) & \xi_1(2) & \cdots & \xi_1(m) \\
\xi_2(1) & \xi_2(2) & \cdots & \xi_2(m) \\
\vdots & \vdots & & \vdots \\
\xi_n(1) & \xi_n(2) & \cdots & \xi_n(m)
\end{bmatrix}
$$

式中，$\rho \in (0, 1)$ 为分辨系数，它越小其关联系数 $\xi_i(k)$ 的分辨能力越强。

第四步，计算关联度 ξ_j。

生产安全事故的第 j 个诱因数列 X_j 与生产安全事故数列 X 的关联程度通过 n 个关联系数 $\xi_i(j)$ ($i = 1, 2, \cdots, n$) 来反映，求这 n 个关联系数的平均值就可以得到 X_j 与 X 的关联度：

$$
\xi_j = \frac{1}{n}\sum_{i=1}^{n}\xi_i(j) \qquad (j = 1, 2, \cdots, m) \tag{6-8}
$$

第五步，将关联由大到小排序，关联度越大，说明生产安全事故的该诱因数列与生产安全事故数列变化的态势越一致。若 $\xi_{j^0} = \max\limits_{1 \leqslant j \leqslant m} \xi_j$，则说明生产安全事故的第 j^0 个事故诱因是生产安全事故发生的主要原因，减少或消除第 j^0 个事故诱因可以减少或阻止生产安全事故的发生。

若把生产安全事故的某一诱发因素数列选为参考数列，把生产安全事故的其他诱因数列选为比较数列，利用灰色关联分析法还可以分析生产安全事故的某选定诱发因素与其他诱发因素的关联程度，在这里就不一一介绍了。

6.3.3　聚类分析法

聚类分析法是运用数学方法研究类的划分以及各类之间的亲疏程度的一种分析方法。将研究对象的集合分组成为由相似的对象组成的多个类的过程称为聚类，考虑到一个事故诱因在一个具体生产安全事故中只有出现和不出现两种情况，即生产安全事故关于事故诱因的数据是一个二元数据。因此，本书选择单一因素分层聚类分析法对生产安全事故进行分类，在此基础上找出各类事故的诱因模式。

设按事故诱因分析分类体系已确定生产安全事故涉及的事故诱因有 m 个，现收集到 n 个生产安全事故的诱发因素的统计数据 $Y_j = \{x_{1j}, x_{2j}, \cdots, x_{mj}\}$ ($j = 1, 2, \cdots, n$)，其中 x_{ij} 表示第 i 个事故诱因在第 j 个生产安全事故中的出现情况，若第 i 个事故诱因在第 j 个生产安全事故中出现（即第 i 个事故诱因是第 j 个生产安全事故的诱发因素之一），则 $x_{ij} = 1$；若第 i 个事故诱因在第 j 个生产安全事故中没有出现（即第 i 个事故诱因不是第 j 个生产安全事故的诱发因素），则 $x_{ij} = 0$。由此得到生产安全事故诱发因素数据矩阵表，如表 6-1 所示。

表 6-1　生产安全事故诱发因素数据矩阵表

	事故 1	事故 2	事故 3	…	事故 n
诱因 1	x_{11}	x_{12}	x_{13}	…	x_{1n}
诱因 2	x_{21}	x_{22}	x_{23}	…	x_{2n}
诱因 3	x_{31}	x_{32}	x_{33}	…	x_{3n}
…				…	
诱因 m	x_{m1}	x_{m2}	x_{m3}	…	x_{mn}

为了能清楚说明用单一因素分层聚类分析法对生产安全事故进行聚类分析的过程,在下面的生产安全事故聚类分析的每一步中均以表 6-2 所示的数据加以说明。

表 6-2　生产安全事故诱发因素数据矩阵表示例

	事故 1	事故 2	事故 3	事故 4	事故 5	事故 6	事故 7
诱因 1	1	1	1	0	0	1	1
诱因 2	1	0	0	0	1	1	0
诱因 3	0	1	0	1	1	0	0
诱因 4	1	1	1	1	0	1	1
诱因 5	0	0	0	1	1	1	0
诱因 6	1	0	0	1	1	1	0

用单一因素分层聚类分析法对生产安全事故进行分类的步骤如下。

第一步,计算第 i 个事故诱因与第 j 个事故诱因的关联系数 $c_{ij}(i, j=1, 2, \cdots, m)$,并以关联系数 c_{ij} 为元素构造事故诱发因素间的关联系数矩阵 $C=(c_{ij})_{m \times m}$。

要计算第 i 个事故诱因与第 j 个事故诱因的关联系数 c_{ij},需要根据第 i 个事故诱因统计数据 $X_i = \{x_{i1}, x_{i2}, \cdots, x_{in}\}$ 和第 j 个事故诱因统计数据 $X_j = \{x_{j1}, x_{j2}, \cdots, x_{jn}\}$ 构造第 i 个事故诱因与第 j 个事故诱因的 2×2 列联表,如表 6-3 所示。

表 6-3　诱因 i 与诱因 j 的 2×2 列联表

		诱因 j		合计
		出现 $(x_{jt}=1)$	没有出现 $(x_{jt}=0)$	
诱因 i	出现 $(x_{it}=1)$	a	b	$a+b$
	没有出现 $(x_{it}=0)$	c	d	$c+d$
	合计	$a+c$	$b+d$	$a+b+c+d(=n)$

表 6-3 中的 a 表示诱因 i 与诱因 j 具有的 $(1, 1)$ 匹配的生产安全事故个数(即 n 个生产安全事故中出现 $x_{it}=1$ 且 $x_{jt}=1$ 的生产安全事故个数);b 表示诱因 i 与诱因 j 具有的 $(1, 0)$ 匹配的生产安全事故个数(即 n 个生产安全事故中出现 $x_{it}=1$ 且 $x_{jt}=0$ 的生产安全事故个数);c 表示诱因 i 与诱因 j 具有的 $(0, 1)$ 匹配的生产安全事故个数(即 n 个生产安全事

故中出现 $x_{it}=0$ 且 $x_{jt}=1$ 的生产安全事故个数）；d 表示诱因 i 与诱因 j 具有的 $(0, 0)$ 匹配的生产安全事故个数（即 n 个生产安全事故中出现 $x_{it}=0$ 且 $x_{jt}=0$ 的生产安全事故个数）。上述四种情况的总和等于生产安全事故的个数，即 $a+b+c+d=n$。

比如，表 6-2 中诱因 1 与诱因 2 的 2×2 列联表如表 6-4 所示。

表 6-4　表 6-2 中诱因 1 与诱因 2 的 2×2 列联表

		诱因 j		合计
		出现	没有出现	
诱因 i	出现	2	3	5
	没有出现	1	1	2
	合计	3	4	7

有了第 i 个事故诱因与第 j 个事故诱因的 2×2 列联表之后，便可以计算关联系数 c_{ij} 了。目前已提出多种适用于二元数据聚类分析的关联系数计算公式，其中最常用的有以下几种：

(1) Yule (1912) 系数：

$$c_{ij} = \frac{ad - bc}{ad + bc} \tag{6-9}$$

(2) Dagnelie (1962) 系数 V：

$$c_{ij} = V = \frac{ad - bc}{\sqrt{(a + b)(c + d)(a + c)(b + d)}} \tag{6-10}$$

这两个系数都是衡量诱因 i 与诱因 j 关联的指标，取值都为 $[-1, +1]$，0 值表示列联表中的 a、b、c、d 彼此独立，-1 表示最大的负关联，+1 表示最大的正关联。它们的不同之处在于：式 (6-9) 中，当 b 或 c 中有一个为 0，就取值为 1，称为完全关联；式 (6-10) 中，当 b 和 c 都为 0 时才为 1，称为绝对关联 (Pielou, 1969)。

(3) χ^2 系数：

$$c_{ij} = \chi^2 = n \times V^2 = \frac{(ad - bc)^2 (a + b + c + d)}{(a + b)(c + d)(a + c)(b + d)} \tag{6-11}$$

式中，$n=a+b+c+d$，即表示生产安全事故的个数。χ^2 近似地服从自由度为 1 的 χ^2 分布，可用以检验两个事故诱因是否显著地关联，这使得在其单一因素分层聚类分析中与显著性检验联合使用。

由于 χ^2 分布是连续的，有时还可以对离散的 χ^2 进行 Yates 的连续性修正，得到如下修改系数公式：

$$c_{ij} = \chi_c^2 = \frac{\left(|ad - bc| - n / 2\right)^2 n}{(a + b)(c + d)(a + c)(b + d)} \tag{6-12}$$

(4) 均方关联系数 V^2：

$$c_{ij} = V^2 = \frac{\chi^2}{n} = \frac{(ad - bc)^2}{(a + b)(c + d)(a + c)(b + d)} \tag{6-13}$$

或用修正的公式：

$$c_{ij} = V^2 = \frac{\chi_c^2}{n} = \frac{\left(|ad - bc| - \dfrac{n}{2}\right)^2}{(a + b)(c + d)(a + c)(b + d)} \tag{6-14}$$

χ^2 系数和均方关联系数 V^2 不能再取负值，其取值范围为[0，1]。另外，可以验证，Dagnelie 系数 V 和 V^2 相当于数量数据中通常的相关系数 r 和 r^2，只要将二元数据的 0、1 当成普通数值去求 r 和 r^2，就可以看出这一点。

上述四个公式中 a、b、c、d、n 都是表 6-3 所示的诱因 i 与诱因 j 的 2×2 列联表中的数值。

由于 χ^2 系数服从自由度为 1 的 χ^2 分布，因此可用一定的显著性水平 a（比如取 a 为 0.1、0.05、0.02 或 0.01 等）去检验诱因 i 与诱因 j 相互关联的显著性。当计算出的 χ^2 值大于或等于上述显著性水平所对应的临界值 $\chi_{0.1}^2 = 2.706$，$\chi_{0.05}^2 = 3.841$，$\chi_{0.02}^2 = 5.412$ 或 $\chi_{0.01}^2 = 6.635$ 时，才认为该显著性水平 a 下诱因 i 与诱因 j 是显著关联的，这时才用 χ^2 或 χ^2/n 或 $\sqrt{\chi^2/n}$ 等值记入 c_{ij}；否则认为诱因 i 与诱因 j 的关联是不显著的，就令 $c_{ij}=0$（请注意：这里的检验只用做 c_{ij} 的数值界限，没有其他的意义）。另外，一个事故诱因 i 与自身的关联系数 $c_{ii}(i=1，2，\cdots，m)$ 均定义为 0($c_{ii}=0$)；当某个事故诱因 i 在所考虑的全部生产安全事故中的数值均为 1(全出现)或均为 0(都不出现)时，则事故诱因 i 与其他事故诱因 j 的关联系数按计算公式计算是不确定的(分子和分母同为 0)，这时规定 $c_{ij}=0$，实际上可以不必考虑这样的事故诱因，这是因为利用这样的事故诱因不能对生产安全事故进行分类。在上述规定下，可以得到 m 个事故诱因的关联系数矩阵 $\boldsymbol{C}_m$ 为

$$\boldsymbol{C}_m = \begin{pmatrix} 0 & c_{12} & c_{13} & \cdots & c_{1m} \\ c_{21} & 0 & c_{23} & \cdots & c_{2m} \\ c_{31} & c_{32} & 0 & \cdots & c_{3m} \\ \vdots & \vdots & \vdots & & \vdots \\ c_{m1} & c_{m2} & c_{m3} & \cdots & 0 \end{pmatrix} \tag{6-15}$$

$\boldsymbol{C}_m$ 是一个对称矩阵，计算 $\boldsymbol{C}_m$ 时，只需计算主对角线上方的 $m(m-1)/2$ 个系数即可。若选择均方关联系数 $c_{ij} = V^2 = \chi^2/n$ 作为事故诱因间关联系数的计算公式，且选择显著性水平 $a=0.1$(χ^2 分布对临界值为 $\chi_{0.1}^2 = 2.706$)，计算表 6-2 所给出的 7 个生产安全事故中诱发因素间的关联系数矩阵 $\boldsymbol{C}_6$，则有

$$\boldsymbol{C}_6 = \begin{pmatrix} 0 & 0 & 0.5333 & 0.4167 & 0.5333 & 0 \\ 0 & 0 & 0 & 0 & 0 & 0.5625 \\ 0.5333 & 0 & 0 & 0 & 0 & 0 \\ 0.4167 & 0 & 0 & 0 & 0 & 0 \\ 0.5333 & 0 & 0 & 0 & 0 & 0.5625 \\ 0 & 0.5625 & 0 & 0 & 0.5625 & 0 \end{pmatrix} \tag{6-16}$$

第二步，计算各事故诱因的关联度，以关联度最大的事故诱因为分类标准对生产安全

事故进行分类。

将关联系数矩阵按行求和,即得各事故诱因的关联度,第 i 个事故诱因的关联度 $C(i)$ 为

$$C(i) = \sum_{j=1}^{m} c_{ij} \quad (i = 1, 2, 3, \cdots, m) \tag{6-17}$$

求最大关联度,若 $C(i_0) = \max \left\{ C(1), C(2), \cdots, C(m) \right\}$,则以事故诱因 i_0 为标准对生产安全事故进行分类。之所以选择事故诱因 i_0 为标准对生产安全事故进行分类,是因为它比所有别的事故诱因表现出更大的关联。按事故诱因 i_0 是否在生产安全事故中出现将 n 个生产安全事故分成事故诱因 i_0 出现的组 $N^+(i_0)$ 和事故诱因 i_0 没有出现的组 $N^-(i_0)$,若令 $N^+(i_0)$ 和 $N^-(i_0)$ 分别包含 n_1 和 n_2 个生产安全事故,则有 $n_1+n_2=n$。

对于关联系数矩阵式(6-16),有 $C(1)=0.5333+0.4167+0.5333=1.4833$,$C(2)=0.5625$,$C(3)=0.5333$,$C(4)=0.4167$,$C(5)=0.5333+0.5625=1.0958$,$C(6)=0.5625+0.5625=1.125$,其中 $C(1)$ 最大。以 $C(1)$ 为标准对 7 个生产安全事故进行分组,得事故诱因 1 出现的生产安全事故组 $N^+(1)=\{$事故 1,事故 2,事故 3,事故 6,事故 7$\}$ 和事故诱因 1 没有出现的生产安全事故组 $N^-(1)=\{$事故 4,事故 5$\}$。

第三步,对生产安全事故组 $N^+(i_0)$ 和 $N^-(i_0)$ 分别重复第一步和第二步,对 $N^+(i_0)$ 和 $N^-(i_0)$ 进行再分组。

若分得的生产安全事故子组内部的事故诱因间的关联系数全部在规定的显著性水平以下(这时所有关联系数均为零了),则停止对生产安全事故分组,此时的每个生产安全事故组可以认为是同质的,不能再分割了;若分得某个生产安全事故组的内部存在事故诱因间的关联性在规定的显著性水平以上,则该生产安全事故组为待分割的生产安全事故,返回第一步,分得的生产安全事故子组内部的事故诱因间的关联系数全部在规定的显著性水平以下为止。

需要指出的是,每一次作为分组标准的事故诱因 i_0 在下一次分组时就不需要再考虑了,这是因为由它分成的两个子组中该事故诱因的数据或者全为 0,或者全为 1。另外,对关联系数进行 χ^2 检验,实际上是一种分组过程的终止规则。由于终止规则是由显著性检验决定的,所以再分组时先对哪一个组进行分组没有关系,不会影响到分组结果。

下面,先对生产安全事故子组 $N^+(1)=\{$事故 1,事故 2,事故 3,事故 6,事故 7$\}$ 进行再分组。去掉事故诱因 1 后,生产安全事故子组 $N^+(1)$ 的数据如表 6-5 所示。

表 6-5　生产安全事故子组 $N^+(1)$ 的数据表

	事故 1	事故 2	事故 3	事故 6	事故 7
诱因 2	1	0	0	1	0
诱因 3	0	1	0	0	0
诱因 4	1	1	1	1	1
诱因 5	0	0	0	1	0
诱因 6	1	0	0	1	0

计算事故诱因2、3、4、5、6两两间的关联系数，得事故诱因关联系数矩阵

$$C_5 = \begin{pmatrix} 0 & 0 & 0 & 0 & 1.0 \\ 0 & 0 & 0 & 0 & 0 \\ 0 & 0 & 0 & 0 & 0 \\ 0 & 0 & 0 & 0 & 0 \\ 1.0 & 0 & 0 & 0 & 0 \end{pmatrix} \qquad (6\text{-}18)$$

计算各事故诱因的关联度，$C(2)=1.0$ 最大，故再以事故诱因2为分划标准对 $N^+(1)$ 中的5个生产安全事故进行分类，得到事故诱因2出现的生产安全事故子组 $N^+(2)=\{$事故1，事故6$\}$ 和事故诱因2没有出现的生产安全事故子组 $N^-(2)=\{$事故2，事故3，事故7$\}$。

再对生产安全事故子组 $N^-(1)$、$N^+(2)$ 和 $N^-(2)$ 进行分组处理，由于这三个生产安全事故子组都是不可再分的同质组，故本例的生产安全事故分组过程结束。

第四步，绘制聚类分析结果树状图，分析生产安全事故的诱发模式。

纵坐标标出分组采用的关联系数，以及每次分组的标准；底线标出所用的显著性水平和生产安全事故编号，用方框中的数字标识被分组的生产安全事故的个数，在方框下面标出作为每次分组标准的事故诱因编号，该事故诱因编号的一边标以"+"表示对应的生产安全事故子组中的所有生产安全事故都出现了该事故诱因，一边标以"−"表示对应的生产安全事故子组中的所有生产安全事故都没有出现该事故诱因。表6-2所示的7个生产安全事故聚类分析结果树状图如图6-12所示。

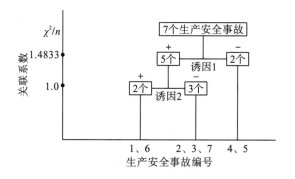

图6-12　7个生产安全事故聚类分析结果树状图(显著性水平0.1)

由图6-12知，生产安全事故1和6的诱发模式为诱因1和诱因2同时发生；生产安全事故2、3和7的诱发模式为诱因1发生且诱因2不发生；生产安全事故4和5的诱发模式为诱因1不发生。因此，诱因1是7个生产安全事故的主要诱发因素，因为诱因1的再出现可能导致生产安全事故1、2、3、6、7发生，故应尽最大可能避免诱因1的出现；由于诱因1不出现时，还可能导致生产安全事故4和5的发生，这时还需进一步分析生产安全事故4和5的诱发因素，比如降低关联系数的显著性检查水平。

第7章 企业生产安全事故预测分析技术与方法

7.1 企业生产安全事故预测的原理和步骤

生产安全事故预测是指在对已发生的生产安全事故的资料进行统计、分析和处理的基础上，以生产安全事故发生的原因和变化规律为依据，对目前尚未发生或还不明确的生产安全事故预先做出合乎逻辑的推测判断。生产安全事故预测具有系统性、灰色性、复杂性、探索性、主观性和多方案性等特点。

7.1.1 企业生产安全事故预测的原理

生产安全事故预测的原理反映生产安全事故发展变化的基本规律，包括可知性原理、连续性原理、相似性原理、相关性原理、概率性原理等。

1. 可知性原理

可知性原理是指人们可以通过一系列的观测、调查、分析活动了解和把握客观事物的演变规律，进而预测其未来状态。在生产安全管理实践中，人们通过对生产安全事故的致因因素及作用和演化机理的分析、探索和研究，逐渐认识了生产安全事故的发展演变规律，进而可以对生产经营系统的安全状态做出越来越科学、准确的预测。

2. 连续性原理

连续性原理是指在外部环境和内部因素与条件没有发生较大变化的情况下，任何事物从过去到现在的发展变化规律具有一定的惯性，可延续到不远的未来。连续性原理是时间序列分析法的基本假设。

3. 相似性原理

相似性原理是指许多特征相近的客观事物或同一事物在比较相似的环境下，它们的变化有着相似之处，变化规律近似相同。因此，在进行生产安全事故预测时，可以运用相似性原理，去寻找某些相近的客观事物或同一事物在相似的环境下的运行状况，通过寻找和分析这些相似事物变化规律或相近环境不同时期的同一事物变化规律，研究生产安全事故的预测问题。

4. 相关性原理

相关性原理是指系统中的许多变量之间存在着某种相关性(线性相关或非线性相关),从而反映出一定的因果关系。因此,在生产安全事故预测中,若能找出生产经营系统中变量之间的因果关系,利用变量间的因果关系就可以建立回归分析预测模型,进而对生产安全事故做出预测。

5.概率性原理

概率性原理是指任何事物的发展都具有一定的必然性和偶然性,而且在偶然性中隐藏着必然性。因此,对生产安全事故进行预测和分析时,就必须通过对生产安全事故偶然性进行剖析,方能揭示生产安全系统内部隐藏着的必然性规律。从偶然性中发现必然性是有规律可循的,这个规律就是人们普遍应用的概率统计规律。

7.1.2 企业生产安全事故预测的步骤

生产安全事故预测的一般步骤为确定预测目标、收集处理资料、选择预测方法、建立预测模型、实施预测、分析预测结果、输出预测结果,如图7-1所示。

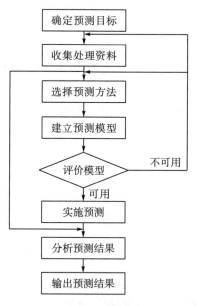

图 7-1 生产安全事故预测的基本步骤

1. 确定预测目标

预测目标的不同,所需的资料和采用的预测技术和方法也有所不同,因此有了明确的预测目标,才能据此收集必要的数据资料和选用恰当的预测方法。生产安全事故预测的目标是为了探求生产安全事故发生的趋势和内在的规律,以便分析出未来生产安全事故发生的可能性，提前采取应对措施，做好预防工作，使生产安全事故的风险控制在可接受的范围内。

2. 收集处理资料

准确的资料是生产安全事故预测分析的基础。在明确生产安全事故预测的目标之后，就可以组织相关人员系统、全面、准确地收集与生产安全事故发生相关的数据资料了，对收集来的各种资料还要进行审核、调整、加工和初步分析，以观察统计数据的特征和分布规律，为选择预测方法提供依据。

3. 选择预测方法

在建立生产安全事故预测模型之前，首先应根据预测的目标和对生产安全事故数据资料的初步分析，判断生产安全事故过去发展变化的规律性，选择适当的预测方法，然后才能设计生产安全事故预测模型，进行生产安全事故预测。在实际生产安全事故预测工作中，选择预测方法的依据主要包括预测的精度要求、时间要求、预测的条件和环境，以及预测的成本和费用等。在数据资料不够完整、精度要求不够高时，可选择直观预测方法；在数据资料完备、精度要求比较高时，可选择计量模型法、组合预测法和智能预测法等定量预测方法。

4. 建立预测模型

建立预测模型是指根据收集到的生产安全事故发生、发展的相关资料，利用选定的预测方法，揭示生产安全事故发展变化规律——预测模型。生产安全事故预测的实质在于把收集到的数据资料输入到预测模型中，确定预测模型中的参数取值，然后通过一定的分析和运算，求出初步的预测结果。将预测结果与历史事件进行比对，以检验预测模型的合理性，评价其是否能够应用于对未来生产安全事故发展趋势的预测。如果认为生产安全事故预测模型反映了生产安全事故未来的发展趋势，则可用它进行生产安全事故预测，否则就应舍弃该模型。

5. 分析预测结果

根据收集到的生产安全事故预测期间的有关数据资料，利用生产安全事故预测模型就可以计算或推测出生产安全事故发展的未来结果。由于数据资料的不全面、预测方法的不成熟、预测人员的经验不足等原因可能会降低预测结果的准确性，使生产安全事故预测结果与实际产生偏差。因此，在每次生产安全事故预测之后，需要根据常识和经验对预测结果的合理性、准确性以及未来条件的变化对实际结果有无影响等做出评价，并据此对生产安全事故预测结果加以修正，使之更加接近实际情况。

7.2　专家会议预测法

专家会议预测法是通过召开专家座谈会，让专家充分交流信息、互相启发，利用专家集体智慧来获得未来信息的一种预测方法。

专家会议预测法的主要优点：①有助于发挥若干专家的集体智慧和创造力；②通过多个专家交流信息、相互启发，有可能在短时间内得到富有创见性的成果；③与个人判断法相比，专家会议信息量大，考虑因素多，提供的方案更具体、更全面。

专家会议预测法的主要缺点：①代表性不强。参与专家会议的专家人数，预测结果仅能反映与会专家的意见；②心理影响因素大。可能出现权威专家和领导的意见影响一般专家的意见、大多数人的意见影响少数人的意见的情况，但有时少数人意见或不知名人士的意见是正确的。

7.3 德 尔 菲 法

为了克服专家会议预测法可能出现专家之间相互影响的不足，美国兰德公司于 1964 年提出德尔菲法。德尔菲法将预测的问题和背景材料编制成征询表用信函方式寄给专家，以避免专家见面可能出现相互影响的情况，利用专家的经验和知识独立作出判断和分析，经过多次综合、归纳和反馈，逐步形成一致意见，最后得出预测结论。

1. 德尔菲法的步骤

运用德尔菲法进行预测，一般遵循如下步骤：①建立预测组织，拟定意见征询表；②选择专家，发出邀请；③向专家发出征询表、汇总整理第一轮预测结果，确定第二轮征询表；④向专家转达第一轮预测汇总意见及对预测的新要求，汇总整理第二轮预测结果，并分析专家意见的收敛情况；⑤向专家通报第二轮预测结果及分布情况，并提出第三轮需要专家答复的相关问题；⑥汇总整理第三轮预测，分析专家意见的收敛情况，得出预测结论。

2. 专家意见的处理

专家意见处理的重要理论依据是专家意见服从或接近服从正态分布。通常，对专家意见的统计处理方法和表达形式，根据答案的类型和预测要求不同而有所不同。

(1)对数量答案的处理，可用中位数、算术平均数和上、下四分位数来处理，求出预测的期望值和中间值。其具体步骤如下。

第一步，将专家们的答案按从小到大的顺序排列。设有 m 个专家对某一事件的预测值按从小到大的顺序排列如下：

$$x_1 \leqslant x_2 \leqslant \cdots \leqslant x_{m-1} \leqslant x_m$$

第二步，分别求出中位数 $x_中$，上四分位点 $x_上$ 和下四分位点 $x_下$。

$$x_中 = \begin{cases} x_{k+1}, & m = 2k+1 \\ \dfrac{x_k + x_{k+1}}{2}, & m = 2k \end{cases} \tag{7-1}$$

其中，k 为正整数。

$$x_{\text{下}} = \begin{cases} x_{\frac{k+1}{2}}, m = 2k + 1, \text{且 } k \text{ 为奇数} \\ \dfrac{x_{\frac{k}{2}} + x_{\frac{k}{2}+1}}{2}, m = 2k + 1, \text{且 } k \text{ 为偶数} \\ x_{\frac{k+1}{2}}, m = 2k, \text{且 } k \text{ 为奇数} \\ \dfrac{x_{\frac{k}{2}} + x_{\frac{k}{2}+1}}{2}, m = 2k, \text{且 } k \text{ 为偶数} \end{cases} \tag{7-2}$$

$$x_{\text{上}} = \begin{cases} x_{\frac{3k+3}{2}}, m = 2k + 1, \text{且 } k \text{ 为奇数} \\ \dfrac{x_{\frac{3k}{2}+1} + x_{\frac{3k}{2}+2}}{2}, m = 2k + 1, \text{且 } k \text{ 为偶数} \\ x_{\frac{3k+1}{2}}, m = 2k, \text{且 } k \text{ 为奇数} \\ \dfrac{x_{\frac{3k}{2}} + x_{\frac{3k}{2}+1}}{2}, m = 2k, \text{且 } k \text{ 为偶数} \end{cases} \tag{7-3}$$

第三步，表述预测结果。中位数表示专家对事物预测的期望值，由上、下四分位点组成的区间（$x_{\text{下}}$，$x_{\text{上}}$）即为预测区间。由正态分布理论可知，有 50% 以上的专家预测值落在预测区间（$x_{\text{下}}$，$x_{\text{上}}$）之内。此外，上、下四分位点的极差 $R = x_{\text{上}} - x_{\text{下}}$，常用于表示专家预测值的分散程度。

(2) 定性预测结果的统计处理。在德尔菲法预测中，一般依据某预测项目可能出现的事件数（假设有 n 个），要求对所评定的第一名给 n 分，第二名给 $n-1$ 分，然后依次递减，最后一名得 1 分，现要根据 m 个专家的评分，确认预测项目各可能事件的等级次序。具体工作程序如下：

第一步，计算预测项目各可能事件得分总值。假设第 i 个专家对第 j 个事件的等级评分为 C_{ij}，则第 j 个事件的得分总值为

$$S_j = \sum_{i=1}^{m} C_{ij} \qquad (j=1, 2, \cdots, n) \tag{7-4}$$

第二步，计算所有事件评估总分。根据 m 个专家对各事件的评分值，可得所有事件的总评分值为

$$S = \sum_{j=1}^{n} S_j = \sum_{j=1}^{n} \sum_{i=1}^{m} C_{ij} \tag{7-5}$$

第三步，计算各事件的重要程序权系数。第 j 事件的重要程序权系数为

$$k_j = \frac{S_j}{S} \qquad (j = 1, 2, \cdots, n) \tag{7-6}$$

k_j 值越大，表明某预测项目在预测期出现第 j 事件的可能性越大。

德尔菲法是利用专家的主观判断，通过信息沟通和轮间反馈，使预测意见趋向一致，

逼近实际情况的。德尔菲法的优点是：不受地区和人员的限制，用途广泛，费用一般较低。缺点是预测结果受主观认识的制约，专家思维的局限性会影响预测的结果。

7.4　时间序列分析预测法

时间序列分析预测法是以预测对象的时间序列数据为分析对象，分析其发展变化规律，建立反映预测对象演变规律的数学模型，利用数学模型确定预测对象在未来某一时刻的预测值的一种预测方法。运用时间序列分析预测法进行预测遵循如下基本步骤：①识别时间序列的变动特征，确定变动类型；②根据历史数据以及预测目的与期限，选定具体的预测方法；③模拟和运算；④将量的分析和质的分析相结合，确定预测对象未来发展趋势的预测值。常用的时间序列分析预测法包括移动平均法、指数平滑法和自适应过滤法。

7.4.1　移动平均法

移动平均法是先将观察期的统计数据按时间的先后次序排列，然后由远而近按一定跨越期向前移动逐一进行平均（每次求平均值时去掉一个远期的数据，增加一个紧挨跨越期后面的一个新数据，跨越期保持不变）求出移动平均值，并以接近预测期的移动平均值为依据确定预测值的一种预测方法。移动平均法包括简单移动平均法、加权移动平均法和趋势移动平均法。

1. 简单移动平均法

简单移动平均法的基本思想为：先根据时间序列计算各期的移动平均数，以消除周期变动和不规则变动的影响，再将各期的移动平均数作为紧邻下一期的预测值。设x_1，x_2，$\cdots$，x_n为时间序列，则简单移动平均法的计算公式为

$$M_t = \frac{x_t + x_{t-1} + \cdots + x_{t-N+1}}{N} \quad (t \geqslant N) \tag{7-7}$$

式中，M_t为第t期的移动平均数；N为跨越期，即移动平均的数据个数。

在式（7-7）中，当时期t向前移动一期，就增加一个新数据，去掉一个远期的数据，由此得到一个新的平均数，逐期向前移动，所以称式（7-7）为移动平均公式。跨越期N越大，移动平均对时间序列数据的修匀程度就越高。当$N=1$时，$M_t=x_t$，$t=1$，2，$\cdots$，n，移动平均数列M_1，M_2，$\cdots$，M_n即为时间序列x_1，x_2，$\cdots$，x_n本身，移动平均对时间序列没有起任何修匀作用；当$N=n$时，$M_t = M_n = \dfrac{x_n + x_{n-1} + \cdots + x_{n-n+1}}{n}$，移动平均数$M_t$即为时间序列的平均值，移动平均对时间序列的修匀程度最高。

简单移动平均法的预测模型为

$$\hat{x}_{t+1} = M_t \tag{7-8}$$

即以第t期的移动平均数作为第$t+1$期的预测值。

简单移动平均法只适合于发展趋势变化不大的预测对象的近期预测。

2. 加权移动平均法

加权移动平均法的基本思想为：时间序列的各期数据包含预测对象未来发展变化趋势的信息量是不一样的，越接近预测期的数据包含预测对象未来发展变化趋势的信息量越大，越远离预测期的数据包含预测对象未来发展变化趋势的信息量越小，在计算移动平均数时应给予接近预测期的数据较大的权重，而不能像简单移动平均法那样给每期数据赋予相同的权重。

设 x_1，x_2，$\cdots$，x_n 为时间序列，则加权移动平均法的计算公式为

$$M_{tw} = \frac{w_1 x_t + w_2 x_{t-1} + \cdots + w_N x_{t-N+1}}{w_1 + w_2 + \cdots + w_N} \quad (t \geqslant N) \tag{7-9}$$

式中，M_{tw} 为第 t 期的加权移动平均数；w_i 为第 $t-i+1$ 期数据 x_{t-i+1} 的权重，它体现了 x_{t-i+1} 在移动平均数中的重要性。N 为跨越期，即移动平均的数据个数。

加权移动平均法的预测模型为

$$\hat{x}_{t+1} = M_{tw} \tag{7-10}$$

即以第 t 期的加权移动平均数作为第 $t+1$ 期的预测值。

当 $w_i = \dfrac{1}{N}$（$i = 1, 2, \cdots, N$）时，加权移动平均法就是简单移动平均法，所以简单移动平均法是加权移动平均法的特例。在加权移动平均法中，权重 w_i 的选择原则为越接近预测期的数据的权重越大，越远离预测期的数据的权重越小。至于大到什么程度和小到什么程度完全取决于预测分析人员对时间序列的全面了解和分析。加权移动平均法也只适用于变化趋势不大的预测对象的近期预测。

3. 趋势移动平均法

当时间序列数据具有明显的趋势变动（直线增加或减少的变动趋势）时，运用简单移动平均法和加权移动平均法进行预测时，就会出现滞后偏差。这时可利用移动平均滞后偏差的规律建立直线趋势预测模型，这就是趋势移动平均法。趋势移动平均法的基本思想为：在一次移动平均的基础上以相同的跨越期再进行一次移动平均，即进行二次移动平均，根据一次移动平均序列、二次移动平均序列分析移动平均滞后的演变规律，利用移动平均滞后的演变规律求得移动系数，建立直线趋势模型。

设时间序列为 x_1，x_2，$\cdots$，x_n，以 N 为跨越期分别计算第 t 期的一次、二次移动平均值为

$$M_t^{(1)} = \frac{x_t + x_{t-1} + \cdots + x_{t-N+1}}{N} \quad (t \geqslant N) \tag{7-11}$$

$$M_t^{(2)} = \frac{M_t^{(1)} + M_{t-1}^{(1)} + \cdots + M_{t-N+1}^{(1)}}{N} \quad (t \geqslant 2N - 1) \tag{7-12}$$

式中，$M_t^{(1)}$ 为第 t 期的一次移动平均值；$M_t^{(2)}$ 为第 t 期的二次移动平均值；N 为跨越期，即每次移动地求算术平均值时所采用的观测值个数。

趋势移动平均法的预测模型为：

$$\hat{x}_{t+T} = a_t + b_t \cdot T \tag{7-13}$$

式中，t 为当前时期数；T 为由当前时期至预测期的间隔期数；a_t、b_t 为移动系数。

下面，根据移动平均值确定移动系数。由式(7-13)，可知：

$$a_t = x_t$$
$$x_{t-1} = x_t - b_t$$
$$x_{t-2} = x_t - 2b_t$$
$$\cdots\cdots$$
$$x_{t-N+1} = x_t - (N-1)b_t$$

故有

$$\begin{aligned} M_t^{(1)} &= \frac{x_t + (x_t - b_t) + \cdots + x_{t-N+1}}{N} \\ &= \frac{x_t + x_{t-1} + \cdots + \left[x_t - (N-1)b_t \right]}{N} \\ &= \frac{Nx_t - \left[1 + 2 + 3 + \cdots + (N-1) \right]b_t}{N} \\ &= x_t - \frac{N-1}{2}b_t \end{aligned}$$

即有

$$M_t^{(1)} = x_t - \frac{N-1}{2}b_t \tag{7-14}$$

同理可推导得

$$M_t^{(2)} = M_t^{(1)} - \frac{N-1}{2}b_t \tag{7-15}$$

由式(7-14)和式(7-15)，以及 $a_t = x_t$，解之得

$$\begin{cases} a_t = 2M_t^{(1)} - M_t^{(2)} \\ b_t = \frac{2}{N-1}\left(M_t^{(1)} - M_t^{(2)} \right) \end{cases} \tag{7-16}$$

趋势移动平均法不仅可以进行近期预测，还可以进行远期预测，但远期预测的误差较大。利用趋势移动平均法进行预测时，要求预测对象具有直线变动趋势，否则预测误差较大。

7.4.2 指数平滑法

指数平滑法认为时间序列中越靠近预测期的观察数据对预测值的影响越大，为反映这一事实，指数平滑法对时间序列中的各数据进行加权处理时，距离预测期越近的观察数据，其权数愈大。由于对观察数据进行加权处理时，从预测期出发由近到远的各个观察数据的权重呈指数递减，故得名为指数平滑法，指数平滑法包括一次指数平滑法，二次指数平滑法，三次指数平滑法。

1. 指数平滑序列

设 $x_1, x_2, \cdots, x_n$ 为时间序列的观察值，$S_t^{(1)}$、$S_t^{(2)}$、$S_t^{(3)}$（$t = 1, 2, \cdots, n$）为 t 期的观察值的一次、二次和三次指数平滑值，α 为平滑系数，其值为 $0 < \alpha < 1$，则一次、二次和三次指数平滑的递推公式分别为

$$S_t^{(1)} = \alpha x_t + (1 - \alpha)S_{t-1}^{(1)} \tag{7-17}$$

一般令 $S_0^{(1)} = x_1$ 或以最初几个观察值的算术平均作为初始值，以减少初始值对平滑值的影响。

$$S_t^{(2)} = \alpha S_t^{(1)} + (1 - \alpha)S_{t-1}^{(2)} \tag{7-18}$$

一般令 $S_0^{(1)} = S_0^{(2)} = x_1$。

$$S_t^{(3)} = \alpha S_t^{(2)} + (1 - \alpha)S_{t-1}^{(3)} \tag{7-19}$$

一般令 $S_0^{(1)} = S_0^{(2)} = S_0^{(3)} = x_1$。

2. 指数平滑法的数学模型

一次指数平滑法的预测模型为

$$y_{t+1} = S_t^{(1)} \tag{7-20}$$

式中，y_{t+1} 为第 $t + 1$ 期的预测值，即将第 t 期的一次指数平滑值作为第 $t+1$ 期的预测值。一次指数移动法只能作近期预测，而且只能向未来预测一期。

二次指数平滑法的预测模型为

$$y_{t+T} = a_t + b_t \cdot T \tag{7-21}$$

式中，T 为自 t 时点起向前预测的期数；a_t、b_t 为待定系数，其计算公式为

$$a_t = 2S_t^{(1)} - S_t^{(2)} \tag{7-22}$$

$$b_t = \frac{\alpha}{1 - \alpha}(S_t^{(1)} - S_t^{(2)}) \tag{7-23}$$

一般地，取观察期最新时期的 a_t、b_t 作为预测模型的系数。

三次指数平滑法一般用于时间序列的非线性趋势预测，其预测模型为

$$y_{t+T} = a_t + b_t T + c_t T^2 \tag{7-24}$$

其中，T 为自 t 期起向前预测的时期数；a_t、b_t、c_t 为待定系数，其计算公式为

$$a_t = 3S_t^{(1)} - 3S_t^{(2)} + S_t^{(3)} \tag{7-25}$$

$$b_t = \frac{\alpha}{2(1 - \alpha)^2}\left[(6 - 5\alpha)S_t^{(1)} - (10 - 8\alpha)S_t^{(2)} + (4 - 3\alpha)S_t^{(3)}\right] \tag{7-26}$$

$$c_t = \frac{\alpha^2}{2(1 - \alpha)^2}\left[S_t^{(1)} - 2S_t^{(2)} + S_t^{(3)}\right] \tag{7-27}$$

关于平滑系数 α 的选择问题，通常分别选择几个靠近 0、0.5 和 1 的平滑系数建立预测模型，选择使预测模型的预测误差最小的那个平滑系数作为指数平滑预测模型中的平滑系数。

7.4.3 自适应过滤法

1. 自适应过滤法的基本思路

自适应过滤法与移动平均法、指数平滑法一样，也是以时间序列的历史观察值进行某种加权平均来进行预测的，所不同的是它要寻找一组"最佳"的权数。

自适应过滤法的基本思路为：先用给定的权数来计算一个预测值，然后计算预测误差，再根据预测误差调整权数以减小误差，如此反复进行，直至找出一组"最佳"权数，使误差减小到最低程度。由于这种调整权数的过程与通信过程中过滤传输噪声的过程极为相似，所以称其为自适应过滤法。

2. 自适应过滤法的预测模型

设时间序列为 y_1，y_2，$\cdots$，y_n，则自适应过滤法的预测模型为

$$\hat{y}_{t+1} = w_1 y_t + w_2 y_{t-1} + \cdots + w_N y_{t-N+1} = \sum_{i=1}^{N} w_i y_{t-i+1} \tag{7-28}$$

式中，$\hat{y}_{t+1}$ 为第 $t+1$ 期的预测值；w_i 为第 $t-i+1$ 期观测值的权数；y_{t-i+1} 为第 $t-i+1$ 期的观测值；N 为权数个数。

调整权数的公式为

$$w_i' = w_i + 2k \cdot e_{t+1} y_{t-i+1} \quad (i = 1, 2, \cdots, N; \ t = N, \ N+1, \cdots, \ n) \tag{7-29}$$

式中，n 为时间序列中的数据个数；w_i 为调整前的第 i 个权数；w_i' 为调整后的第 i 个权数；k 为学习常数；e_{t+1} 为第 $t+1$ 期的预测误差。

3. 权数 w_i 的估计

自适应过滤法预测模型 (7-28) 中权数 w_1，w_2，$\cdots$，w_N 是未知权数，为了能利用式 (7-28) 进行预测，需要先对权数 w_1，w_2，$\cdots$，w_N 做出估计，才能运用式 (7-28) 进行预测。权数 w_1，w_2，$\cdots$，w_N 的估计步骤如下：

第一步，确定权数的个数 N、学习常数 k，以及权数 w_1，w_2，$\cdots$，w_N 的初始值。

第二步，进行权数 w_1，w_2，$\cdots$，w_N 的第一轮调整。让 t 依次取 N，$N+1$，$\cdots$，n，逐次对权数 w_1，w_2，$\cdots$，w_N 进行调整。

当 $t = N$ 时：

(1) 将权数 w_1，w_2，$\cdots$，w_N 的初始值代入式 (7-28)，计算第 $N+1$ 期的预测值 $\hat{y}_{N+1}$，即

$$\hat{y}_{N+1} = w_1 y_N + w_2 y_{N-1} + \cdots + w_N y_1$$

(2) 计算第 $N+1$ 期的预测误差 e_{N+1}，即

$$e_{N+1} = y_{N+1} - \hat{y}_{N+1}$$

(3) 将第 $N+1$ 期的预测误差 e_{N+1} 代入式 (7-29) 中，计算出 $t = N$ 时，各个权数的调整值 w_i'，$i = 1, 2, \cdots, N$。

至此，完成了第一次权数的调整，然后将 t 增加 1 再重复上述步骤。

当 $t = N + 1$ 时：

(1)利用调整后的权数，计算第 $t + 1 = N + 2$ 期的预测值 $\hat{y}_{N+2}$。方法是舍去最前一个观察值 y_1，增加一个观察值 y_{N+1}，即

$$\hat{y}_{N+2} = w_1' y_{N+1} + w_2' y_N + \cdots + w_N' y_2$$

(2)计算第 $N + 2$ 期的预测误差 e_{N+2}，即

$$e_{N+2} = y_{N+2} - \hat{y}_{N+2}$$

(3)将第 $N + 2$ 期的预测误差 e_{N+2} 代入式(7-29)中，计算出 $t = N + 1$ 时，各个权数的调整值 w_i'，$i = 1, 2, \cdots, N$。

按照上述方式，一直进行到 $t = n$，计算出第 $t + 1 = n + 1$ 期的预测值 $\hat{y}_{n+1}$，但由于没有第 $n + 1$ 期的观察值 y_{n+1}，因此无法计算出第 $n + 1$ 期的预测误差 $e_{n+1} = y_{n+1} - \hat{y}_{n+1}$，至此，第一轮权数调整结束。

第三步，将现有的新权数作为初始权数，返回第二步，重新开始 $t = N$ 的过程。如此反复进行下去，直到预测误差(指一轮预测的总误差)没有明显改进为止，就认为此时的权数是一组"最佳"的权数，能实际用来进行第 $n + 1$ 期的预测。

4. N、k 值和初始权数的确定

在进行权数调整之前，首先要确定权数的个数 N 和学习常数 k。当时间序列观测值是季节变动量时，N 应取季节性长度值。对于以一年周期进行季节变动的时间序列，若时间序列数据是月度数据，则取 $N=12$；若时间序列数据是季度数据，则取 $N=4$。如果时间序列无明显的周期变动，则可用自相关系数法来确定，即取 N 为最高自相关系数的滞后时期。

学习常数 k 一般可定为 $1/N$，也可以用不同的 k 进行试算，以确定一个最佳的 k 值。

若无其他依据，一般可用 $1/N$ 作为初始权数。当 $w_i = 1/N$ 时，自适应过滤法相当于移动平均法，而当 $w_i = \alpha(1 - \alpha)^{i-1}$ 时，自适应过滤法相当于指数平滑法。

自适应过滤法的优点：一是可根据预测意图来选择权数个数和学习常数，以控制预测；二是使用了全部历史数据来寻求最佳权系数，并随数据轨迹的变化而不断地更新权系数，从而不断地改进预测。

5. 数据标准化处理

当数据的波动较大时，在调整之前应先对原始数据进行标准化处理，一方面可以加快权数的调整速度，使权数迅速收敛于"最佳"的一组权数；另一方面，可以使数据和残差无量纲化，有助于不同单位时间序列数据的比较。

根据 Makridakis 和 Wheelwright (1977)的研究，标准化公式为

$$y_{t-i+1}^* = \frac{y_{t-i+1}^2}{\left(\sum_{i=1}^{N} y_{t-i+1}^2\right)^{1/2}} \quad (i = 1, 2, \cdots, N; \ t = N + 1, N + 2, n) \tag{7-30}$$

$$e_{t+1}^* = \frac{e_{t+1}}{\left(\sum_{i=1}^{N} y_{t-i}^2\right)^{1/2}}$$

(7-31)

对原始数据进行标准化处理后权数调整公式(7-29)转变为

$$w_i' = w_i + 2k e_{t+1}^* y_{t-i+1}^* \quad (i = 1, 2, \cdots, N;\ t = N,\ N+1,\ \cdots,\ n)$$

(7-32)

7.5　回归分析预测法

7.5.1　回归分析预测法及步骤

1. 回归分析预测法及其分类

回归分析预测法是在分析研究对象变量间因果关系的基础上,利用各变量的观测数据建立回归分析模型,并把回归分析模型作为预测模型的一种预测方法。回归分析预测法包括线性回归分析预测法和非线性回归分析法。线性回归分析预测法又可分为一元回归分析预测法和多元回归分析预测法。回归分析预测法应用的基本条件为:①有足够多的观测数据(一般要求有 20 个以上);②变量之间具有因果关系。

2. 回归分析预测法的步骤

应用回归分析预测法进行预测,其基本步骤如下:

第一步,确定预测目标、因变量和自变量。运用相关理论和对调查数据与资料的分析,找出变量之间的因果关系,明确预测目标、因变量和自变量。

(1)因变量与自变量间的因果关系常常根据历史数据和现实调查资料的散点图的变化规律以及经验确定。

(2)在选择自变量时,必须根据自变量与因变量之间的相关程度,选择与因变量关系最密切或比较密切的影响因素作为自变量。

第二步,建立预测模型。根据变量间的因果关系类型,选择预测模型的类型,分析计算模型参数。

第三步,模型检验,测定误差,确定预测值。

7.5.2　一元回归分析预测法

当影响预测对象的主要因素只有一个,可考虑运用一元回归分析预测法进行预测。一元回归分析预测法是利用历史数据建立一元回归模型,并用一元回归方程模拟预测对象的发展变化规律,进而估计预测对象未来变化趋势的一种预测方法。一元线性回归模型的一般形式为

$$y = \beta_0 + \beta_1 x + \varepsilon$$

(7-33)

式中，y 为因变量(被解释变量)；x 为自变量(解释变量)；β_0 与 β_1 为待估参数；ε 为随机误差。

一元线性回归模型中参数 β_0 与 β_1 的估计方法通常有两种：一是普通最小二乘法；二是最大似然估计法。最常用的是普通最小二乘法。设已收集到自变量 x 和因变量 y 的样本观测值 (x_i, y_i) ($i = 1, 2, \cdots, n$)，则参数 β_0 与 β_1 的最小二乘法估计值 $\hat{\beta}_0$ 和 $\hat{\beta}_1$ 的计算公式为

$$
\begin{cases}
\hat{\beta}_1 = \dfrac{n\displaystyle\sum_{i=1}^n x_i y_i - \overline{x}\sum_{i=1}^n y_i}{n\displaystyle\sum_{i=1}^n x_i^2 - \overline{x}\sum_{i=1}^n x_i} = \dfrac{\displaystyle\sum_{i=1}^n x_i y_i - \overline{xy}}{\displaystyle\sum_{i=1}^n x_i^2 - \overline{x}^2} \\[4mm]
\hat{\beta}_0 = \overline{y} - \hat{b}\overline{x}
\end{cases}
\tag{7-34}
$$

式中，$\overline{x} = \dfrac{1}{n}\displaystyle\sum_{i=1}^n x_i$，$\overline{y} = \dfrac{1}{n}\displaystyle\sum_{i=1}^n y_i$。

根据参数 β_0 与 β_1 的最小二乘法估计值 $\hat{\beta}_0$ 和 $\hat{\beta}_1$ 便可以得到如下的一元线性回归方程：

$$
\hat{y}_i = \hat{\beta}_0 + \hat{\beta}_1 x_i \quad (i = 1, 2, \cdots, n)
\tag{7-35}
$$

建立一元线性回归方程之后，还需要对一元线性回归方程进行经济理论检验和统计检验。经济理论检验是指检验模型中参数的关系与经济理论是否相符。统计检验是指检验模型的拟合精度和变量显著性。检验通过后，便可以利用一元线性回归方程进行实际的预测。一元回归分析预测法有如下两种预测方式。

1. 点预测

将自变量 x 的预测值 x_0 代入回归方程所得的因变量 y 的值 $\hat{y}_0$ 就是与 x_0 相对应的 y 的点预测值，即

$$
\hat{y}_0 = \hat{\beta}_0 + \hat{\beta} x_0
\tag{7-36}
$$

2. 区间预测

由于对于不同的样本会得到不同的 $\hat{\beta}_0$、$\hat{\beta}_1$，因此 $\hat{y}_0$ 与实际值 y_0 之间总存在一定的抽样误差。可以证明，在显著性水平 α 下，y_0 的 $1 - \alpha$ 预测置信区间为

$$
y_0 \in \left[\hat{y}_0 - t_{\alpha/2}(n-2) \cdot \hat{\sigma}\sqrt{1 + \frac{1}{n} + \frac{(x_0 - \overline{x})^2}{\sum(x_i - \overline{x})^2}},\ \hat{y}_0 + t_{\alpha/2}(n-2) \right.
$$
$$
\left. \times \hat{\sigma}\sqrt{1 + \frac{1}{n} + \frac{(x_0 - \overline{x})^2}{\sum(x_i - \overline{x})^2}} \right]
\tag{7-37}
$$

其中，$\hat{\sigma} = \sqrt{\dfrac{\sum e_i^2}{n-2}}$，$e_i = y_i - \hat{y}_i = y_i - \hat{\beta}_0 - \hat{\beta}_1 x_i$ ($i = 1, 2, \cdots, n$)；$t_{\alpha/2}$ 是给定显著性水平 α，查 t 分布表得到的自由度为 $n-2$ 的临界值。

7.5.3　多元线性回归分析预测法

多元回归分析预测法是同时考虑影响预测对象变化的多个影响因素,利用分析变量的观测数据建立多元回归分析模型,并用多元回归分析模型模拟预测对象的发展变化规律,进而估计预测对象未来变化趋势的一种预测方法。多元线性回归模型的一般形式为

$$y_i = b_0 + b_1 x_{1i} + b_2 x_{2i} + \cdots + b_m x_{mi} + \varepsilon_i \quad (i = 1,\ 2,\ \cdots,\ n) \tag{7-38}$$

其中,y 为被解释变量;x_1,x_2,$\cdots$,x_m 为解释变量;m 为解释变量的数目;ε 为随机误差。

估计模型(7-38)中的参数,最常用的估计方法是普通最小二乘法。应用最小二乘法估计模型的参数,得到的参数估计值计算公式为

$$\hat{B} = (X'X)^{-1} X'Y \tag{7-39}$$

其中,

$$\hat{B} = \begin{pmatrix} \hat{b}_0 \\ \hat{b}_1 \\ \vdots \\ \hat{b}_m \end{pmatrix}; \quad X = \begin{pmatrix} 1 & x_{11} & x_{21} & \cdots & x_{m1} \\ 1 & x_{12} & x_{22} & \cdots & x_{m2} \\ \vdots & \vdots & \vdots & & \vdots \\ 1 & x_{1n} & x_{2n} & \cdots & x_{mn} \end{pmatrix}; \quad Y = \begin{pmatrix} y_1 \\ y_2 \\ \vdots \\ y_n \end{pmatrix}$$

多元线性回归模型的设计是否合理,还需要进行相关的统计性检验,主要包括:标准差检验、复相关系数检验、F 检验、t 检验。与一元回归模型相似,检验通过后便可以利用多元回归模型进行点预测和区间预测。

1. 点预测

对于模型 $\hat{Y} = X\hat{B}$,如果给定样本以外的解释变量的观测值 $X_0 = (1,\ x_{10},\ x_{20},\ \cdots,\ x_{m0})$,则可以得到被解释变量的预测值:

$$\hat{y}_0 = X_0 \hat{B} \tag{7-40}$$

2. 区间预测

由于对于不同的样本会得到不同的参数估计值 $\hat{b}_0$,$\hat{b}_1$,$\cdots$,$\hat{b}_m$,因此 $\hat{y}_0$ 与 y_0 之间总存在一定的抽样误差。在回归模型的基本假设条件下,可以证明:预测误差 $\hat{y}_0 - y_0$ 的样本方差 S_0^2 为

$$S_0^2 = S^2 \left[1 + X_0 (X'X)^{-1} X_0' \right] \tag{7-41}$$

式中,S^2 为总体方差 σ^2 的无偏估计,其计算公式为

$$S^2 = \sqrt{\frac{\sum_{t=1}^{n} (y_t - \hat{y}_t)^2}{n - m - 1}}$$

与一元回归模型类似,在显著性水平 α 下,预测值 y_0 的 $1 - \alpha$ 预测置信区间为

$$\hat{y}_0 \mp t_{\alpha/2} S \sqrt{1 + X_0 (X'X)^{-1} X_0'} \tag{7-42}$$

按公式(7-41)计算的 S_0^2 较为复杂，在实际预测中，我们一般可以用 S 代替 S_0 近似估计预测区间。

7.5.4　可线性化的非线性回归分析预测法

预测对象与其影响因素的关系若不是线性关系，就不能用线性回归分析预测法进行相关的预测，这时只能选用非线性回归分析预测法。由于变量间的非线性关系的表现形式多种多样，无法给出非线性回归分析预测的一般方法。但如果变量的非线性关系经过适当的变量转换(比如变量置换、对数变换、级数展开等)可以化为线性关系，则仍然可以运用线性回归估计参数的方法估计模型的参数，建立起非线性回归分析预测模型，进而对预测对象的未来变化趋势做出估计，这就是可线性化的非线性回归分析预测法。

7.5.5　自回归预测法

1.　自回归模型的含义

设时间序列为 y_1，y_2，$\cdots$，y_n，若 y_t 可以表示为它的先前值 y_{t-1}，y_{t-2}，$\cdots$，y_{t-p} 和一个随机误差 ε_t 的线性函数，则称该模型为 p 阶自回归模型。p 阶自回归模型的一般形式为

$$y_t = \alpha_0 + \alpha_1 y_{t-1} + \alpha_2 y_{t-2} + \cdots + \alpha_p y_{t-p} + \varepsilon_t \tag{7-43}$$

式中，y_t 为因变量；p 称为自回归模型的阶数，表示允许推后的期数；α_0，α_1，α_2，$\cdots$，α_p 为待估参数；y_{t-1}，y_{t-2}，$\cdots$，y_{t-p} 分别表示向后推移 1 期、2 期、$\cdots$、p 期的自变量；ε_t 为随机误差。

若能估计出 p 阶自回归模型 (7-43) 中的参数 α_0，α_1，α_2，$\cdots$，α_p 的估计值 $\hat{\alpha}_0$，$\hat{\alpha}_1$，$\hat{\alpha}_2$，$\cdots$，$\hat{\alpha}_p$，则自回归预测模型为

$$\hat{y}_t = \hat{\alpha}_0 + \hat{\alpha}_1 y_{t-1} + \hat{\alpha}_2 y_{t-2} + \cdots + \hat{\alpha}_p y_{t-p} \tag{7-44}$$

其中，一步预测方程为

$$\hat{y}_{n+1} = \hat{\alpha}_0 + \hat{\alpha}_1 y_n + \hat{\alpha}_2 y_{n-1} + \cdots + \hat{\alpha}_p y_{n+1-p}$$

二步预测方程为

$$\hat{y}_{n+2} = \hat{\alpha}_0 + \hat{\alpha}_1 \hat{y}_{n+1} + \hat{\alpha}_2 y_n + \cdots + \hat{\alpha}_p y_{n+2-p}$$

三步预测方程为

$$\hat{y}_{n+3} = \hat{\alpha}_0 + \hat{\alpha}_1 \hat{y}_{n+2} + \hat{\alpha}_2 \hat{y}_{n+1} + \hat{\alpha}_3 y_n + \cdots + \hat{\alpha}_p y_{n+3-p}$$

其余类推。

2.　自回归预测法的步骤

自回归预测法的步骤如下：

第一步，根据原始时间序列向过去逐期推移，编制自变量序列。

第二步，确定自回归模型(7-43)的阶数 p。

目前，关于自回归模型已提出多种最优定阶方法，其中应用比较广泛的是 1969 年和 1974 年由 Akaike 提出的 FPE(final prediction error)定阶准则和被称为 AIC(Akaike's information criterion)的"信息定阶准则"。FPE 定阶准则和 AIC 定阶准则的定阶函数分别为

$$FPE(k) = \frac{n+k+1}{n-k-1}\sigma^2(k) \tag{7-45}$$

$$AIC(k) = \ln\sigma^2(k) + \frac{2k}{n} \tag{7-46}$$

在式(7-45)和式(7-46)中，n 为数据的个数；k 为自回归模型(7-43)的试验定阶数；$\sigma^2(k)$ 表示阶数为 k 的自回归预测模型(7-44)的预测均方差，其计算公式为

$$\sigma^2(k) = \frac{1}{n}\sum_{t=1}^{n}(y_t - \hat{y}_t)^2 \tag{7-47}$$

若设 m 为最大延后时期数，则 FPE 定阶准则和 AIC 定阶准则按如下二式所述规则确定最优阶数 p^*：

$$FPE(p^*) = \min_{1 \leqslant k \leqslant m} FPE(k)$$

$$AIC(p^*) = \min_{1 \leqslant k \leqslant m} AIC(k)$$

第三步，以最优阶数 p^* 作为自回归模型(7-43)的阶数，运用最小二乘法估计自回归模型(7-43)的参数，建立自回归预测模型：

$$\hat{y}_t = \hat{\alpha}_0 + \hat{\alpha}_1 y_{t-1} + \hat{\alpha}_2 y_{t-2} + \cdots + \hat{\alpha}_p \cdot y_{t-p}. \tag{7-48}$$

第四步，运用自回归预测模型(7-48)进行预测。

第五步，分析、评价预测结果。分析预测精度和预测误差产生的原因，修整预测模型或调整预测结果。

7.6　马尔柯夫链预测法

马尔柯夫链预测法是一种基于马尔柯夫链的预测方法。马尔柯夫链因俄罗斯数学家马尔柯夫在 1906 年的研究而得名。马尔柯夫链预测不需要连续不断的大量历史资料，只需要最近或现在的动态资料就可以进行预测，目前已被广泛地应用于工农业生产的各种预测和决策工作。要了解马尔柯夫链预测法，首先需要了解与马尔柯夫链相关的几个基本概念。

1. 马尔柯夫链及其相关概念

设一个系统有 n 个可能状态 S_1, S_2, …, S_n(不同的状态只能在这 n 个状态间进行转换)，由状态 S_i 转移到状态 S_j 的概率 P_{ij} 称为状态转移概率。由状态转移概率 $P_{ij}(1 \leqslant i \leqslant n, 1 \leqslant j \leqslant n)$ 构成的矩阵

$$\boldsymbol{P} = \begin{pmatrix} P_{11} & P_{12} & \cdots & P_{1n} \\ P_{21} & P_{22} & \cdots & P_{2n} \\ \vdots & \vdots & & \vdots \\ P_{n1} & P_{n2} & \cdots & P_{nn} \end{pmatrix} \tag{7-49}$$

称为状态转移矩阵。状态转移矩阵 $\boldsymbol{P}$ 第 i 行表示系统现在处于状态 S_i 下一步转移到 S_1，S_2，$\cdots$，S_n 的概率，且 $P_{i1} + P_{i2} + \cdots + P_{in} = 1$，其中 $1 \leqslant i \leqslant n$。

如果一个系统在状态转移过程中，下一步处于什么状态只与现在的状态有关，而与过去的状态无关，则称这种转移过程为马尔柯夫链。马尔柯夫链的状态转移关系，完全由它的状态转移矩阵 $\boldsymbol{P}$ 决定。若设 X_0 为初始状态，X_k 为系统第 k 步所处状态，则有

$$X_1 = X_0 \boldsymbol{P}, \ X_2 = X_1 \boldsymbol{P}, \ \cdots, \ X_k = X_{k-1} \boldsymbol{P} \tag{7-50}$$

2. 马尔柯夫链事故预测

马尔柯夫链事故预测假定一个生产经营系统有 n 个事故状态 S_1，S_2，$\cdots$，S_n，事故状态间的转移满足马尔柯夫链的条件，因此由一个事故状态便可以根据式 (7-50) 预测生产经营系统下一步的事故状态。马尔柯夫链事故预测的步骤如下：

第一步，分析生产经营系统的事故状态，列出生产经营系统的各种可能的事故状态 S_1，S_2，$\cdots$，S_n。

第二步，根据历史统计数据计算由事故状态 S_i 转移到事故状态 S_j 的概率 P_{ij}，以状态转移概率 P_{ij} 为元素建立事故状态转移矩阵 $\boldsymbol{P}$：

$$\boldsymbol{P} = \begin{pmatrix} P_{11} & P_{12} & \cdots & P_{1n} \\ P_{21} & P_{22} & \cdots & P_{2n} \\ \vdots & \vdots & & \vdots \\ P_{n1} & P_{n2} & \cdots & P_{nn} \end{pmatrix}$$

第三步，根据马尔柯夫链的状态转移规律建立预测模型，并进行事故预测。

设生产经营系统的初始事故状态为 $S^{(0)} = \left(s_1^{(0)}, \ s_2^{(0)}, \ \cdots, \ s_n^{(0)} \right)$，第 k 阶段的事故状态为 $S^{(k)} = \left(s_1^{(k)}, \ s_2^{(k)}, \ \cdots, \ s_n^{(k)} \right)$，马尔柯夫链事故预测的预测模型为

$$S^{(k)} = \left(s_1^{(k)}, \ s_2^{(k)}, \ \cdots, \ s_n^{(k)} \right) = \left(s_1^{(0)}, \ s_2^{(0)}, \ \cdots, \ s_n^{(0)} \right) \begin{pmatrix} P_{11} & P_{12} & \cdots & P_{1n} \\ P_{21} & P_{22} & \cdots & P_{2n} \\ \vdots & \vdots & & \vdots \\ P_{n1} & P_{n2} & \cdots & P_{nn} \end{pmatrix}^{k+1} \tag{7-51}$$

马尔柯夫链事故预测法的本质是一种概率预测法，它适用于随机波动性较大的生产事故的预测问题。但是，由于马尔柯夫链事故预测的关键在于状态转移矩阵的可靠性，因此该预测模型要求大量的统计数据，才能保证预测精度，而这样就需要投入大量的人力、物力进行数据的收集工作。近十几年来，我国有一部分学者进行了马尔柯夫链事故预测的研究工作，相关研究主要集中在自然灾害事故的旱涝灾害预测、火灾事故预测，交通事故预测，疾病传播预测等方面。

7.7 灰色预测法

灰色预测法是一种研究组成因素的特征及其关系部分已知、部分未知的系统的未来变化趋势的预测方法。由于生产经营系统中各种组成部分间的关系以及人-机-环境系统中三个子系统间的关系都是部分信息已知、部分信息未知的，因此，对生产安全事故的预测可以考虑利用灰色预测法。灰色预测法具有要求样本数据少、实用、精确等特点，对生产安全事故由于漏报、瞒报及其他原因导致的生产安全事故样本数据量少的情况具有一定的优势。

7.7.1 灰色预测法的基本原理

灰色预测法的基本原理为：把时间序列数据看成是一个随时间变化的灰色过程，首先将原始数据经累加生成削弱时间序列的不确定性因素影响，将原始数据变为有序的生成数据；然后以有序的生成数据为基础建立相应的微分方程模型，寻找生成数据的变化规律，并利用所建立的微分方程模型计算各时期的拟合值；最后通过累减生成将各时期的拟合值还原为原始数列，即得到各时期的预测值，并对预测结果进行相关检验，根据检验结果决定是否需要对预测模型进行修正。

建立灰色预测模型的基础是数据生成，在建立灰色预测模型时常用的数据生成方式有累加生成、累减生成和均值生成。

1. 累加生成

累加生成（accumulated generating operation，AGO）是指将原始数据序列通过累加生成新的数据列，设原始数据序列为 $x^{(0)} = \left(x^{(0)}(1),\ x^{(0)}(2), \cdots,\ x^{(0)}(n)\right)$，则称 $x^{(1)} = \left(x^{(1)}(1),\ x^{(1)}(2), \cdots,\ x^{(1)}(n)\right)$ 为原始数据序列 $x^{(0)}$ 的一次累加生成，记作 1-AGO，其中，

$$x^{(1)}(k) = \sum_{i=1}^{k} x^{(0)}(i) \quad (k = 1,\ 2,\ \cdots,\ n) \tag{7-52}$$

对一次累加生成数据序列 $x^{(1)}$ 再进行一次累加生成得到数据序列：

$$x^{(2)} = \left(x^{(2)}(1),\ x^{(2)}(2),\ \cdots,\ x^{(2)}(n)\right)$$

称为原始数据序列 $x^{(0)}$ 的二次累加生成，记作 2-AGO，其中，

$$x^{(2)}(k) = \sum_{i=1}^{k} x^{(1)}(i) \quad (k = 1,\ 2,\ \cdots,\ n) \tag{7-53}$$

一般地，对 $r-1$ 次累加生成数据序列 $x^{(r-1)}$ 再进行一次累加生成得到 r 次累加生成数据序列 $x^{(r)} = \left(x^{(r)}(1),\ x^{(r)}(2),\ \cdots,\ x^{(r)}(n)\right)$，其中，

$$x^{(r)}(k) = \sum_{i=1}^{k} x^{(r-1)}(i) \quad (k = 1,\ 2,\ \cdots,\ n) \tag{7-54}$$

2. 累减生成

累减生成(inverse accumulated generating operation，IAGO)是指将原始数据序列前后两个数据相减生成新的数据序列，它是累加生成的逆运算。累减生成可将累加生成序列还原为原始序列，在建模中获得增量信息。

设原始数据序列为 $x^{(0)} = \left(x^{(0)}(1),\ x^{(0)}(2),\ \cdots,\ x^{(0)}(n)\right)$，对 $x^{(0)}$ 作 r 次累减生成，记为 r-IAGO，定义为 $\alpha^{(r)}$。

0 次累减生成，记为 0-IAGO，其算式为

$$\alpha^{(0)}x^{(0)} = \left(x^{(0)}(1),\ x^{(0)}(2),\ \cdots,\ x^{(0)}(n)\right) \tag{7-55}$$

即 0 次累减生成没有运算，结果仍为原来的值。

1 次累减生成，记为 1-IAGO，其算式为

$$\alpha^{(1)}x^{(0)} = \left(\alpha^{(1)}x^{(0)}(2),\ \alpha^{(1)}x^{(0)}(3),\ \cdots,\ \alpha^{(1)}x^{(0)}(n)\right)$$

其中，

$$\alpha^{(1)}x^{(0)}(k) = x^{(0)}(k) - x^{(0)}(k-1) \quad (k = 2,\ 3,\ \cdots,\ n) \tag{7-56}$$

2 次累减生成，记为 2-IAGO，其算式为

$$\alpha^{(2)}x^{(0)} = \left(\alpha^2 x^{(0)}(3),\ \alpha^2 x^{(0)}(4),\ \cdots,\ \alpha^2 x^{(0)}(n)\right)$$

其中，

$$\alpha^{(2)}x^{(0)}(k) = \alpha^{(1)}x^{(0)}(k) - \alpha^{(1)}x^{(0)}(k-1) \quad (k = 3,\ 4,\ \cdots,\ n) \tag{7-57}$$

一般地，r 次累减生成，记为 r-IAGO，其算式为

$$\alpha^{(r)}x^{(0)} = \left(\alpha^{(r)}x^{(0)}(r+1),\ \alpha^{(r)}x^{(0)}(r+2),\ \cdots,\ \alpha^{(r)}x^{(0)}(n)\right)$$

其中，

$$\alpha^{(r)}x^{(0)}(k) = \alpha^{(r-1)}x^{(0)}(k) - \alpha^{(r-1)}x^{(0)}(k-1) \quad (k = r+1,\ \cdots,\ n) \tag{7-58}$$

3. 均值生成

均值生成包括邻均值生成和非邻均值生成两种，邻均值生成是指用等时距序列的相邻数据的平均值构造新的数据，记原始数据序列为

$$x^{(0)} = \left(x^{(0)}(1),\ x^{(0)}(2),\ \cdots,\ x^{(0)}(n)\right)$$

记 k 点的均值生成值为 $z(k)$，则有

$$z(k) = \frac{1}{2}x^{(0)}(k) + \frac{1}{2}x^{(0)}(k-1) \quad (k = 2,\ 3,\ \cdots,\ n) \tag{7-59}$$

称 $z(k)$ 为 k 点的邻均值生成值。

非邻均值生成是指对非等时距序列，或虽为等时距序列，但剔除异常值之后出现空穴的序列，用空穴两边的数据求平均值构造新的数据来填补空穴，比如

$$x^{(0)} = \left(x^{(0)}(1),\ x^{(0)}(2),\ \cdots x^{(0)}(k-1),\ \phi(k),\ x^{(0)}(k+1),\ \cdots,\ x^{(0)}(n)\right)$$

其中，$\phi(k)$ 为空穴，则 k 点的生成值 $z(k)$ 为

$$z(k) = \frac{1}{2} x^{(0)}(k-1) + \frac{1}{2} x^{(0)}(k+1) \tag{7-60}$$

称 $z(k)$ 为 k 点的非邻均值生成值。

7.7.2　GM(1，1)预测模型

1. GM(1，1)预测模型的形式

GM(1，1)预测模型是指只含 1 个变量的 1 阶灰色模型，它是在数据生成的基础上建立的灰色微分方程，即

$$x^{(0)}(k) + az^{(1)}(k) = b \quad (k = 2, \cdots, n) \tag{7-61}$$

式中，$x^{(0)}(k)$ 为原始序列；$z^{(1)}(k) = \frac{1}{2} x^{(1)}(k) + \frac{1}{2} x^{(1)}(k-1)$，其中 $x^{(1)}(k) = \sum_{i=1}^{k} x^{(0)}(i)$；$a$ 称为发展系数，反映 $x^{(1)}$ 与 $x^{(0)}$ 的发展态势；b 称为灰作用量，它的大小反映数据变化的关系。

由于灰色微分方程(7-61)的白化方程为

$$\frac{\mathrm{d}x^{(1)}}{\mathrm{d}t} + ax^{(1)} = b \tag{7-62}$$

式中，$x^{(1)}$ 是 $x^{(0)}$ 的 1-AGO；a、b 是待估参数。

当初始值取为 $x^{(1)}(1) = x^{(0)}(1)$ 时，白化方程(7-62)的解为

$$x^{(1)}(t) = \left(x^{(0)}(1) - \frac{b}{a} \right) \mathrm{e}^{-a(t-1)} + \frac{b}{a} \tag{7-63}$$

将式(7-63)用于预测时称为时间响应函数，表示为

$$\hat{x}^{(1)}(k-1) = \left(x^{(0)}(1) - \frac{b}{a} \right) \mathrm{e}^{-ak} + \frac{b}{a} \quad (k = 1, 2, \cdots, n) \tag{7-64}$$

将式(7-64)所示的 1-AGO 序列作 1-IAGO 得原序列的拟合数据序列模型为

$$\begin{cases} \hat{x}^{0}(1) = x^{(0)}(1) \\ \hat{x}^{(0)}(k+1) = \hat{x}^{(1)}(k+1) - \hat{x}^{(1)}(k) \\ \quad = (1 - e^{a}) \left(x^{(0)}(1) - \frac{b}{a} \right) \mathrm{e}^{-ak} \end{cases} \quad k = 1, 2, \cdots, n \tag{7-65}$$

这里当 $k = 1, 2, \cdots, n$ 时，$\hat{x}^{(0)}(1)$，$\hat{x}^{(0)}(2)$，$\cdots$，$\hat{x}^{(0)}(n)$ 是原始数据序列 $x^{(0)}(1)$，$x^{(0)}(2)$，$\cdots$，$x^{(0)}(n)$ 的拟合值；当 $k>n$ 时，$\hat{x}^{(0)}(k)$ 是原始数据序列的预测值。由此可见，GM(1，1)灰色预测模型为

$$\hat{x}^{(0)}(k) = \hat{x}^{(1)}(k) - \hat{x}^{(1)}(k-1) = (1 - \mathrm{e}^{a}) \left(x^{(0)}(1) - \frac{b}{a} \right) \mathrm{e}^{-a(k-1)} \quad (k>n) \tag{7-66}$$

2. GM(1，1)预测模型的参数 a、b 估计

根据原始序列 $X^{(0)} = \left(x^{(0)}(1), x^{(0)}(2), \cdots, x^{(0)}(n) \right)$，计算 1 次累加生成序列

$X^{(1)} = \left(x^{(1)}(1),\ x^{(1)}(2),\ \cdots,\ x^{(1)}(n) \right)$ 和 1 次累加生成序列的邻均值生成序列 $Z^{(1)} = \left(z^{(1)}(2),\right.$
$\left. z^{(1)}(3),\ \cdots,\ z^{(1)}(n) \right)$。将 $x^{(0)}(k)$、$z^{(1)}(k)$ $(k = 2, 3, \cdots, n)$ 代入灰色微分方程 (7-61) 得

$$\begin{cases} x^{(0)}(2) + az^{(1)}(2) = b \\ x^{(0)}(3) + az^{(1)}(3) = b \\ \qquad\qquad\vdots \\ x^{(0)}(n) + az^{(1)}(n) = b \end{cases} \tag{7-67}$$

记

$$\boldsymbol{X} = \begin{bmatrix} x^{(0)}(2) \\ x^{(0)}(3) \\ \vdots \\ x^{(0)}(n) \end{bmatrix};\quad \boldsymbol{B} = \begin{bmatrix} -z^{(1)}(2) & 1 \\ -z^{(1)}(3) & 1 \\ \vdots & \vdots \\ -z^{(1)}(n) & 1 \end{bmatrix};\quad \boldsymbol{P} = \begin{bmatrix} a \\ b \end{bmatrix}$$

则式 (7-67) 可以表示成如下的矩阵形式：

$$\boldsymbol{X} = \boldsymbol{BP} \tag{7-68}$$

运用最小二乘法可求得式 (7-68) 的参数估计值为

$$\hat{\boldsymbol{P}} = \begin{bmatrix} \hat{a} \\ \hat{b} \end{bmatrix} = (\boldsymbol{B}^{\mathrm{T}}\boldsymbol{B})^{-1}\boldsymbol{B}^{\mathrm{T}}\boldsymbol{X} \tag{7-69}$$

式中，$\boldsymbol{B}^{\mathrm{T}}$ 为 $\boldsymbol{B}$ 的转置矩阵；$(\boldsymbol{B}^{\mathrm{T}}\boldsymbol{B})^{-1}$ 为 $\boldsymbol{B}^{\mathrm{T}}\boldsymbol{B}$ 的逆矩阵。

式 (7-69) 的展开式为

$$a = \frac{\displaystyle\sum_{k=2}^{n} z^{(1)}(k) \sum_{k=2}^{n} x^{(0)}(k) - (n-1)\sum_{k=2}^{n} z^{(1)}(k)x^{(0)}(k)}{(n-1)\displaystyle\sum_{k=2}^{n}\left[z^{(1)}(k)\right]^2 - \left[\sum_{k=2}^{n} z^{(1)}(k)\right]^2} \tag{7-70}$$

$$b = \frac{\displaystyle\sum_{k=2}^{n} x^{(0)}(k) \sum_{k=2}^{n}\left[z^{(1)}(k)\right]^2 - \sum_{k=2}^{n} z^{(1)}(k)\sum_{k=2}^{n} z^{(1)}(k)x^{(0)}(k)}{(n-1)\displaystyle\sum_{k=2}^{n}\left[z^{(1)}(k)\right]^2 - \left[\sum_{k=2}^{n} z^{(1)}(k)\right]^2} \tag{7-71}$$

3. GM(1，1) 预测模型的建立及计算

GM(1，1) 预测模型的建模和计算同步进行，其过程包括如下步骤：

第一步，收集原始序列 $x^{(0)} = \left(x^{(0)}(1),\ x^{(0)}(2),\ \cdots,\ x^{(0)}(n) \right)$。

第二步，对 $x^{(0)}$ 作 1 次累加生成得 1 次累加生成序列 $x^{(1)} = \left(x^{(1)}(1),\ x^{(1)}(2),\ \cdots,\ x^{(1)}(n) \right)$。

$$x^{(1)}(k) = \sum_{i=1}^{k} x^{(0)}(i) \quad (k = 1, 2, \cdots, n)$$

第三步，构造矩阵 $\boldsymbol{X}$ 和 $\boldsymbol{B}$。

$$X = \begin{bmatrix} x^{(0)}(2) \\ x^{(0)}(3) \\ \vdots \\ x^{(0)}(n) \end{bmatrix}; \quad B = \begin{bmatrix} -\left(x^{(1)}(1) + x^{(1)}(2)\right) / 2 & 1 \\ -\left(x^{(1)}(2) + x^{(1)}(3)\right) / 2 & 1 \\ \vdots & \vdots \\ -\left(x^{(1)}(n-1) + x^{(1)}(n)\right) / 2 & 1 \end{bmatrix}$$

第四步，计算参数 a、b 的估计值 $\hat{a}$、$\hat{b}$。

$$\hat{P} = \begin{bmatrix} \hat{a} \\ \hat{b} \end{bmatrix} = (B^{\mathrm{T}}B)^{-1}B^{\mathrm{T}}X$$

第五步，将 $\hat{a}$ 和 $\hat{b}$ 代入时间响应函数式(7-64)，建立 1 次累加生成数据序列模型。

$$\hat{x}^{(1)}(k+1) = \left(x^{(0)}(1) - \frac{\hat{b}}{\hat{a}}\right)\mathrm{e}^{-\hat{a}k} + \frac{\hat{b}}{\hat{a}} \quad (k = 1, 2, \cdots, n)$$

第六步，建立原始数据序列模型。将 $\hat{x}^{(1)}(k+1)$ 进行 1 次累减还原，求出 $\hat{x}^{(0)}(k+1)$。

$$\begin{cases} \hat{x}^{0}(1) = x^{(0)}(1) \\ \hat{x}^{(0)}(k+1) = \hat{x}^{(1)}(k+1) - \hat{x}^{(1)}(k) = (1 - \mathrm{e}^{a})\left(x^{(0)}(1) - \frac{b}{a}\right)\mathrm{e}^{-ak}, \ k = 1, 2, \cdots, n \end{cases}$$

第七步，利用原始数据序列进行模拟预测。

$$\hat{x}^{(0)}(k+1) = \hat{x}^{(1)}(k+1) - \hat{x}^{(1)}(k) = (1 - \mathrm{e}^{a})\left(x^{(0)}(1) - \frac{b}{a}\right)\mathrm{e}^{-ak} \quad (k > n)$$

第八步，对预测模型进行精度检验。

第九步，如精度检验通过，则可利用预测模型 $\hat{x}^{(0)}(k+1)$ 进行预测；否则，需要建立残差模型，以便对预测模型 $\hat{x}^{(0)}(k+1)$ 进行修正。

4. GM(1，1)预测模型的精度检验

利用式(7-64)求一阶生成数据序列 $\left(\hat{x}^{(1)}(1), \hat{x}^{(1)}(2), \cdots, \hat{x}^{(1)}(n)\right)$，利用式(7-65)求原始数据的还原值 $\left(\hat{x}^{(0)}(1), \hat{x}^{(0)}(2), \cdots, \hat{x}^{(0)}(n)\right)$，对 GM(1，1)预测模型的精度检验主要有如下三种方法。

1) 残差大小检验

残差大小检验是对模型精度按点进行的检验，是一种算术检验。残差大小检验是先分别计算残差和相对误差，然后根据残差的绝对值和相对误差的绝对值越小灰色预测模型的精度越高判定灰色预测模型精度的一种检验方法。

残差：$\varepsilon(k) = x^{(0)}(k) - \hat{x}^{(0)}(k)$，$k = 1, 2, \cdots, n$。

相对误差：$e(k) = \dfrac{\varepsilon(k)}{x^{(0)}(k)} \times 100\%$。

2) 关联度检验

关联度检验是按模型曲线与行为数据曲线的几何相似程度进行的检验，属几何检验。关联度检验是通过计算原始数据序列 $\left(x^{(0)}(1), x^{(0)}(2), \cdots, x^{(0)}(n)\right)$ 与原始数据序列的还原

数据序列 $\left(\hat{x}^{(0)}(1),\ \hat{x}^{(0)}(2),\ \cdots,\ \hat{x}^{(0)}(n)\right)$ 的关联度,根据关联度越大灰色预测模型的精度越高判定灰色预测模型精度的一种检验方法,

3) 后验检验

后验检验是按残差的概率分布进行的检验。属统计检验。后验检验的步骤如下:

第一步,计算原始数据序列的均值、方差和标准差。

$$\bar{x} = \frac{1}{n}\sum_{k=1}^{n}x^{(0)}(k),\quad S_1^2 = \sum_{k=1}^{n}\left(x^{(0)}(k)-\bar{x}\right)^2,\quad S_1 = \sqrt{\frac{S_1^2}{n-1}} \tag{7-72}$$

第二步,求残差的均值、方差和标准差。

$$\bar{\varepsilon} = \frac{1}{n}\sum_{k=1}^{n}\varepsilon(k),\quad S_2^2 = \sum_{k=1}^{n}\left(\varepsilon(k)-\bar{\varepsilon}\right)^2,\quad S_2 = \sqrt{\frac{S_2^2}{n-1}} \tag{7-73}$$

第三步,计算标准差比: $C = \dfrac{S_2}{S_1}$ 。

第四步,计算小误差概率: $P = \left\{\left|\varepsilon(k)-\bar{\varepsilon}\right| < 0.6745S_1\right\}$

第五步,精度等级划分。当 $P > 0.95$, $C < 0.35$ 时,精度为好;当 $P > 0.80$, $C < 0.50$ 时,精度为合格;当 $P > 0.70$, $C < 0.65$ 时,精度为勉强合格;当 $P \geqslant 0.70$, $C \leqslant 0.65$ 时,精度为不合格。

5. 残差修正 GM(1, 1)预测模型

当 GM(1, 1)预测模型的精度不符合要求量时,可用残差序列建立 GM(1, 1)预测模型,对原来的模型进行修正,以提高精度。

设 $x^{(0)}$ 为原始序列, $x^{(1)}$ 为 $x^{(0)}$ 的 1-AGO 序列,GM(1, 1)预测模型的时间序列应为 $\hat{x}^{(1)}$,其中,

$$x^{(0)} = \left(x^{(0)}(1),\ x^{(0)}(2),\ \cdots,\ x^{(0)}(n)\right)$$

$$x^{(1)} = \left(x^{(1)}(1),\ x^{(1)}(2),\ \cdots,\ x^{(1)}(n)\right)$$

$$\hat{x}^{(1)} = \left(\hat{x}^{(1)}(1),\ \hat{x}^{(1)}(2),\ \cdots,\ \hat{x}^{(1)}(n)\right)$$

$$\hat{x}^{(1)}(k+1) = \left(x^{(0)}(1)-\frac{\hat{b}}{\hat{a}}\right)e^{-\hat{a}k} + \frac{\hat{b}}{\hat{a}}\quad (k = 1, 2, \cdots, n)$$

若 $x^{(1)}$ 的残差序列为 $\varepsilon^{(0)} = \left(\varepsilon^{(0)}(1),\ \varepsilon^{(0)}(2),\ \cdots,\ \varepsilon^{(0)}(n)\right)$,其中 $\varepsilon^{(0)}(k) = x^{(1)}(k)-\hat{x}^{(1)}(k)$, $k = 1, 2, \cdots, n$,存在 k_0 使得:

(1) 对任意的 $k \geqslant k_0$, $\varepsilon^{(0)}(k)$ 的符号一致;

(2) $n - k_0 \geqslant 4$ 。

则称 $\left(\varepsilon^{(0)}(k_0),\ \varepsilon^{(0)}(k_0+1),\ \cdots,\ \varepsilon^{(0)}(n)\right)$ 为可建模型残差尾段,仍记为

$$\varepsilon^{(0)} = \left(\varepsilon^{(0)}(k_0),\ \varepsilon^{(0)}(k_0+1),\ \cdots,\ \varepsilon^{(0)}(n)\right)$$

若设可建模型残差尾段 $\varepsilon^{(0)} = \left(\varepsilon^{(0)}(k_0),\ \varepsilon^{(0)}(k_0+1),\ \cdots,\ \varepsilon^{(0)}(n)\right)$ 的 1-AGO 序列:

$$\varepsilon^{(1)} = \left(\varepsilon^{(1)}(k_0), \ \varepsilon^{(1)}(k_0 + 1), \ \cdots, \ \varepsilon^{(1)}(n) \right)$$

的 GM(1，1)预测模型的时间响应序列为

$$\hat{\varepsilon}^{(1)}(k + 1) = \left(\hat{\varepsilon}^{(0)}(k_0) - \frac{\hat{b}_\varepsilon}{\hat{a}_\varepsilon} \right) e^{-\hat{a}_\varepsilon k} + \frac{\hat{b}_\varepsilon}{\hat{a}_\varepsilon} \qquad (k \geqslant k_0)$$

残差尾段 $\varepsilon^{(0)} = \left(\varepsilon^{(0)}(k_0), \ \varepsilon^{(0)}(k_0 + 1), \ \cdots, \ \varepsilon^{(0)}(n) \right)$ 的模拟序列为

$$\hat{\varepsilon}^{(0)} = \left(\hat{\varepsilon}^{(0)}(k_0), \ \hat{\varepsilon}^{(0)}(k_0 + 1), \ \cdots, \ \hat{\varepsilon}^{(0)}(n) \right)$$

其中，

$$\hat{x}^{(0)}(k + 1) = (-\hat{a}_\varepsilon) \left(\hat{\varepsilon}^{(0)}(k_0) - \frac{\hat{b}_\varepsilon}{\hat{a}_\varepsilon} \right) e^{-\hat{a}_\varepsilon(k - k_0)} \qquad (k \geqslant k_0)$$

则残差修正 GM(1，1)预测模型为

$$\hat{x}^{(0)}(k + 1) = \begin{cases} (1 - e^a) \left(x^{(0)}(1) - \dfrac{b}{a} \right) e^{-ak}, k < k_0 \\[4mm] (1 - e^a) \left(x^{(0)}(1) - \dfrac{b}{a} \right) e^{-ak} \pm \hat{a}_\varepsilon \left(\hat{\varepsilon}^{(0)}(k_0) - \dfrac{\hat{b}_\varepsilon}{\hat{a}_\varepsilon} \right) e^{-\hat{a}_\varepsilon(k - k_0)}, \ k \geqslant k_0 \end{cases}$$

模型中的"$\pm$"与残差尾段 $\varepsilon^{(0)}$ 的符号一致。

6. GM(1，1)预测模型的适用范围

通过理论证明可知，GM(1，1)预测模型的预测精度与发展系数 a 的取值范围有关，具体结论如下：

① 当 $|a| \geqslant 2$ 时，GM(1，1)预测模型没有意义；

② 当 $0.3 < -a \leqslant 0.5$ 时，GM(1，1)预测模型可用于中长期预测；

③ 当 $0 < -a \leqslant 0.3$ 时，GM(1，1)预测模型可用于短期预测，中长期预测慎用；

④ 当 $0.5 < -a \leqslant 0.8$ 时，用 GM(1，1)预测模型作短期预测应十分谨慎；

⑤ 当 $0.8 < -a \leqslant 1$ 时，应采用残差修正 GM(1，1)预测模型；

⑥ 当 $-a > 1$ 时，不宜采用 GM(1，1)预测模型作预测。

7.7.3 GM(2，1)预测模型

GM(1，1)预测模型适用于具有较强指数规律的序列，只能描述单调的变化过程，对于非单调的摆动发展序列或有饱和的 S 形序列，则可考虑建立 GM(2，1) 和 DGM(2，1) 进行预测。

设原始序列为

$$x^{(0)} = \left(x^{(0)}(1), \ x^{(0)}(2), \ \cdots, \ x^{(0)}(n) \right)$$

$x^{(0)}$ 的 1-AGO 序列 $x^{(1)}$ 和 1-IAGO 序列 $\alpha^{(1)} x^{(0)}$ 分别为

$$x^{(1)} = \left(x^{(1)}(1), \ x^{(1)}(2), \ \cdots, \ x^{(1)}(n) \right)$$

和

$$\alpha^{(1)}x^{(0)} = \left(\alpha^{(1)}x^{(0)}(2),\ \alpha^{(0)}x^{(0)}(3),\ \cdots,\ \alpha^{(1)}x^{(0)}(n)\right)$$

其中，

$$\alpha^{(1)}x^{(0)}(k) = x^{(0)}(k) - x^{(0)}(k-1)\quad(k = 2,\ 3,\ \cdots,\ n)$$

$x^{(1)}$ 的紧邻均值生成序列为

$$z^{(1)} = \left(z^{(1)}(2),\ z^{(1)}(3),\ \cdots,\ z^{(1)}(n)\right)$$

其中，

$$z^{(1)}(k) = \frac{1}{2}x^{(1)}(k) + \frac{1}{2}x^{(1)}(k-1)\quad(k = 2,\ 3,\ \cdots,\ n)$$

则称

$$\alpha^{(1)}x^{(0)} + a_1 x^{(0)} + a_2 z^{(1)} = b \tag{7-74}$$

为 $\mathrm{GM}(2，1)$ 灰色微分方程。

称

$$\frac{\mathrm{d}^2 x^{(1)}}{\mathrm{d}t^2} + a_1 \frac{\mathrm{d}x^{(1)}}{\mathrm{d}t} + a_2 x^{(1)} = b \tag{7-75}$$

为 $\mathrm{GM}(2，1)$ 灰色微分方程的白化方程。

$$\boldsymbol{Y} = \begin{bmatrix} \alpha^{(1)}x^{(0)}(2) \\ \alpha^{(1)}x^{(0)}(3) \\ \vdots \\ \alpha^{(1)}x^{(0)}(n) \end{bmatrix} = \begin{bmatrix} x^{(0)}(2) - x^{(0)}(1) \\ x^{(0)}(3) - x^{(0)}(2) \\ \vdots \\ x^{(0)}(n) - x^{(0)}(n-1) \end{bmatrix};\ \boldsymbol{B} = \begin{bmatrix} -x^{(0)}(2) & -z^{(1)}(2) & 1 \\ -x^{(0)}(3) & -z^{(1)}(3) & 1 \\ \vdots & \vdots & \vdots \\ -x^{(0)}(n) & -z^{(1)}(n) & 1 \end{bmatrix};\ \boldsymbol{P} = \begin{bmatrix} a_1 \\ a_2 \\ b \end{bmatrix}$$

则 $\mathrm{GM}(2，1)$ 模型的参数列 $\boldsymbol{P} = (a_1,\ a_2,\ b)^{\mathrm{T}}$ 的最小二乘估计值为

$$\hat{P} = (\hat{a}_1,\ \hat{a}_2,\ \hat{b})^{\mathrm{T}} = (B^{\mathrm{T}}B)^{-1}B^{\mathrm{T}}Y \tag{7-76}$$

关于 $\mathrm{GM}(2，1)$ 灰色微分方程的白化方程 (7-75) 的解有如下结论：

(1) 若记 $x^{(1)*}(t)$ 是 $\dfrac{\mathrm{d}^2 x^{(1)}}{\mathrm{d}t^2} + \hat{a}_1 \dfrac{\mathrm{d}x^{(1)}}{\mathrm{d}t} + \hat{a}_2 x^{(1)} = \hat{b}$ 的特解，$\bar{x}^{(1)}(t)$ 是对应齐次方程

$\dfrac{\mathrm{d}^2 x^{(1)}}{\mathrm{d}t^2} + \hat{a}_1 \dfrac{\mathrm{d}x^{(1)}}{\mathrm{d}t} + \hat{a}_2 x^{(1)} = 0$ 的通解，则 $x^{(1)*}(t) + \bar{x}^{(1)}(t)$ 是 $\mathrm{GM}(2，1)$ 灰色微分方程的白化方程的通解。

(2) 白化方程的特解记为 $x^{(1)*}(t)$，有如下三种情况：

① 当零不是特征方程 $r^2 + \hat{a}_1 r + \hat{a}_2 = 0$ 的根时，

$$x^{(1)*}(t) = C \tag{7-77}$$

其中，C 为常数。

② 当零是特征方程 $r^2 + \hat{a}_1 r + \hat{a}_2 = 0$ 的单根时，

$$x^{(1)*}(t) = Ct \tag{7-78}$$

其中，C 为常数。

③ 当零是特征方程 $r^2 + \hat{a}_1 r + \hat{a}_2 = 0$ 的重根时，

$$x^{(1)*}(t) = Ct^2 \tag{7-79}$$

其中，C 为常数。

(3) 齐次方程的通解 $\bar{x}^{(1)}(t)$ 有如下三种情况：

①当特征方程 $r^2 + \hat{a}_1 r + \hat{a}_2 = 0$ 有两个不相等的实根 r_1、r_2 时，

$$\bar{x}^{(1)}(t) = c_1 \mathrm{e}^{r_1 t} + c_2 \mathrm{e}^{r_2 t} \tag{7-80}$$

②当特征方程 $r^2 + \hat{a}_1 r + \hat{a}_2 = 0$ 有重根 r 时，

$$\bar{x}^{(1)}(t) = \mathrm{e}^{rt}(c_1 + c_2 t) \tag{7-81}$$

③当特征方程 $r^2 + \hat{a}_1 r + \hat{a}_2 = 0$ 有一对共轭复根 $r_1 = \alpha + \mathrm{i}\beta, r_2 = \alpha - \mathrm{i}\beta$ 时，

$$\bar{x}^{(1)}(t) = \mathrm{e}^{\alpha t}\left(c_1 \cos\beta t + c_2 \sin\beta t\right) \tag{7-82}$$

$\mathrm{GM}(2，1)$ 预测模型的建立及计算步骤如下：

第一步，收集原始序列 $x^{(0)} = \left(x^{(0)}(1)，\ x^{(0)}(2)，\ \cdots，\ x^{(0)}(n)\right)$。

第二步，计算 $x^{(0)}$ 的 1-AGO 序列 $x^{(1)}$、1-IAGO 序列 $\alpha^{(1)}x^{(0)}$ 和 $x^{(1)}$ 的紧邻均值生成序列 $z^{(1)}$。

$$x^{(1)} = \left(x^{(1)}(1)，\ x^{(1)}(2)，\ \cdots，\ x^{(1)}(n)\right)$$

其中，

$$x^{(1)}(k) = \sum_{i=1}^{k} x^{(0)}(i) \quad (k = 1，2，\cdots，n)$$

$$\alpha^{(1)}x^{(0)} = \left(\alpha^{(1)}x^{(0)}(2)，\ \alpha^{(1)}x^{(0)}(3)，\ \cdots，\ \alpha^{(1)}x^{(0)}(n)\right)$$

其中，

$$\alpha^{(1)}x^{(0)}(k) = x^{(0)}(k) - x^{(0)}(k-1) \quad (k = 2，3，\cdots，n)$$

$$z^{(1)} = \left(z^{(1)}(2)，\ z^{(1)}(3)，\ \cdots，\ z^{(1)}(n)\right)$$

其中，

$$z^{(1)}(k) = \frac{1}{2}x^{(1)}(k) + \frac{1}{2}x^{(1)}(k-1) \quad (k = 2，3，\cdots，n)$$

第三步，构造矩阵 Y 和 B。

$$\boldsymbol{Y} = \begin{bmatrix} \alpha^{(1)}x^{(0)}(2) \\ \alpha^{(1)}x^{(0)}(3) \\ \vdots \\ \alpha^{(1)}x^{(0)}(n) \end{bmatrix} = \begin{bmatrix} x^{(0)}(2) - x^{(0)}(1) \\ x^{(0)}(3) - x^{(0)}(2) \\ \vdots \\ x^{(0)}(n) - x^{(0)}(n-1) \end{bmatrix}; \quad \boldsymbol{B} = \begin{bmatrix} -x^{(0)}(2) & -z^{(1)}(2) & 1 \\ -x^{(0)}(3) & -z^{(1)}(3) & 1 \\ \vdots & \vdots & \vdots \\ -x^{(0)}(n) & -z^{(1)}(n) & 1 \end{bmatrix}$$

第四步，计算参数 a_1、a_2、b 的估计值 $\hat{a}_1$、$\hat{a}_2$、$\hat{b}$。

$$\hat{\boldsymbol{P}} = (\hat{a}_1，\ \hat{a}_2，\ \hat{b})^{\mathrm{T}} = (\boldsymbol{B}^{\mathrm{T}}\boldsymbol{B})^{-1}\boldsymbol{B}^{\mathrm{T}}\boldsymbol{Y}$$

第五步，计算特征方程 $r^2 + \hat{a}_1 r + \hat{a}_2 = 0$ 的特征根 r_1、r_2。

第六步，求 $\mathrm{GM}(2，1)$ 的白化方程的特解 $x^{(1)*}$。根据特征方程的根的不同情况，根据式(7-77)，或式(7-78)，或式(7-79)写出白化方程：

$$\frac{\mathrm{d}^2 x^{(1)}}{\mathrm{d}t^2} + \hat{a}_1 \frac{\mathrm{d}x^{(1)}}{\mathrm{d}t} + \hat{a}_2 x^{(1)} = \hat{b}$$

的特解 $x^{(1)*}$ ，并将 $x^{(1)*}$ 代入白化方程确定 $x^{(1)*}$ 表达式中的常数 C 。

第七步，求 $GM(2, 1)$ 的白化方程的齐次方程式的通解 $\overline{x}^{(1)}$ 。根据特征方程的根的不同情况，根据式 $(7\text{-}80)$ ，或式 $(7\text{-}81)$ ，或式 $(7\text{-}82)$ 写出白化方程的齐次方程式：

$$\frac{\mathrm{d}^2 x^{(1)}}{\mathrm{d}t^2} + \hat{a}_1 \frac{\mathrm{d}x^{(1)}}{\mathrm{d}t} + \hat{a}_2 x^{(1)} = 0$$

的通解 $\overline{x}^{(1)}$ 。

第八步，求 $GM(2, 1)$ 时间响应模型 $\hat{x}^{(1)}(k+1) = x^{(1)*}(k) + \overline{x}^{(1)}(k)$ 的参数 c_1 、c_2 。可按如下两种方法之一求参数 c_1 、c_2 值。

①利用最小二乘法确定。求使 $\sum\limits_{i=1}^{n} \left(\hat{x}^{(1)}(i) - x^{(1)}(i) \right)^2$ 达到最小的参数 c_1 、c_2 。

②直接取两个典型数值，比如 $x^{(1)}(i)$ ，$x^{(1)}(j)$ ，令 $\hat{x}^{(1)}(i) = x^{(1)}(i)$ ，$\hat{x}^{(1)}(j) = x^{(1)}(j)$ ，通过解方程组的方式求出参数 c_1 、c_2 。

第九步，对 $\hat{x}^{(1)} = \left(\hat{x}^{(1)}(1), \hat{x}^{(1)}(2), \cdots, \hat{x}^{(1)}(n) \right)$ 序列做 1-IAGO 得 $\hat{x}^{(0)} = \left(\hat{x}^{(0)}(1), \right.$ $\left. \hat{x}^{(0)}(2), \cdots, \hat{x}^{(0)}(n) \right)$ ，其中，

$$\begin{cases} \hat{x}^{(0)}(1) = x^{(0)}(1) \\ \hat{x}^{(0)}(k+1) = \hat{x}^{(1)}(k+1) - \hat{x}^{(1)}(k) \end{cases}, \quad k = 1, 2, \cdots, n$$

第十步，利用原始数据序列进行模拟预测。

$$\hat{x}^{(0)}(k+1) = \hat{x}^{(1)}(k+1) - \hat{x}^{(1)}(k) \quad (k > n)$$

第十一步，对预测模型进行精度检验。

第十二步，如精度检验通过，则可利用预测模型 $\hat{x}^{(0)}(k+1)$ 进行预测；否则，需要建立残差模型，以便对预测模型 $\hat{x}^{(0)}(k+1)$ 进行修正。

7.7.4　DGM(2, 1)预测模型

设原始序列为

$$x^{(0)} = \left(x^{(0)}(1), x^{(0)}(2), \cdots, x^{(0)}(n) \right)$$

$x^{(0)}$ 的 1-AGO 序列 $x^{(1)}$ 为

$$x^{(1)} = \left(x^{(1)}(1), x^{(1)}(2), \cdots, x^{(1)}(n) \right)$$

$x^{(0)}$ 的 1-IAGO 序列 $\alpha^{(1)} x^{(0)}$ 为

$$\alpha^{(1)} x^{(0)} = \left(\alpha^{(1)} x^{(0)}(2), \alpha^{(1)} x^{(0)}(3), \cdots, \alpha^{(1)} x^{(0)}(n) \right)$$

其中，

$$\alpha^{(1)} x^{(0)}(k) = x^{(0)}(k) - x^{(0)}(k-1) \quad (k = 2, 3, \cdots, n)$$

则称

$$\alpha^{(1)} x^{(0)} + a x^{(0)} = b \tag{7-83}$$

为 DGM(2, 1)灰色微分方程。

称

$$\frac{\mathrm{d}^2 x^{(1)}}{\mathrm{d}t^2} + a\frac{\mathrm{d}x^{(1)}}{\mathrm{d}t} = b \tag{7-84}$$

为 DGM(2，1) 灰色微分方程的白化方程。

$$\boldsymbol{Y} = \begin{bmatrix} \alpha^{(1)}x^{(0)}(2) \\ \alpha^{(1)}x^{(0)}(3) \\ \vdots \\ \alpha^{(1)}x^{(0)}(n) \end{bmatrix} = \begin{bmatrix} x^{(0)}(2) - x^{(0)}(1) \\ x^{(0)}(3) - x^{(0)}(2) \\ \vdots \\ x^{(0)}(n) - x^{(0)}(n-1) \end{bmatrix}; \quad \boldsymbol{B} = \begin{bmatrix} -x^{(0)}(2) & 1 \\ -x^{(0)}(3) & 1 \\ \vdots & \vdots \\ -x^{(0)}(n) & 1 \end{bmatrix}; \quad \boldsymbol{P} = \begin{bmatrix} a \\ b \end{bmatrix}$$

则 DGM(2，1) 灰色微分方程的参数列 $\boldsymbol{P} = (a, b)^{\mathrm{T}}$ 的最小二乘估计值为

$$\hat{P} = (\hat{a},, \hat{b})^{\mathrm{T}} = (B^{\mathrm{T}}B)^{-1}B^{\mathrm{T}}Y \tag{7-85}$$

关于 DGM(2，1) 灰色微分方程及其白化方程的解有如下结论：

(1) 白化方程 $\dfrac{\mathrm{d}^2 x^{(1)}}{\mathrm{d}t^2} + a\dfrac{\mathrm{d}x^{(1)}}{\mathrm{d}t} = b$ 的通解为

$$\hat{x}^{(1)}(t) = c_1 \mathrm{e}^{-at} + \frac{b}{a}t + c_2 \tag{7-86}$$

(2) 灰色微分方程 $\alpha^{(1)}x^{(0)} + ax^{(0)} = b$ 的时间响应序列为

$$\hat{x}^{(1)}(k+1) = c_1 \mathrm{e}^{-ak} + \frac{b}{a}k + c_2 \quad (k = 1, 2, \cdots, n) \tag{7-87}$$

(3) 还原值为

$$\hat{x}^{(0)}(k+1) = \alpha^{(1)}\hat{x}^{(1)}(k+1) = \hat{x}^{(1)}(k+1) - \hat{x}^{(1)}(k)$$

DGM(2，1) 预测模型的建立及计算步骤如下：

第一步，收集原始序列 $x^{(0)} = \left(x^{(0)}(1), x^{(0)}(2), \cdots, x^{(0)}(n)\right)$。

第二步，计算 $x^{(0)}$ 的 1-IAGO 序列 $\alpha^{(1)}x^{(0)}$。

$$\alpha^{(1)}x^{(0)} = \left(\alpha^{(1)}x^{(0)}(2), \alpha^{(1)}x^{(0)}(3), \cdots, \alpha^{(1)}x^{(0)}(n)\right)$$

其中，

$$\alpha^{(1)}x^{(0)}(k) = x^{(0)}(k) - x^{(0)}(k-1) \quad (k = 2, 3, \cdots, n)$$

第三步，构造矩阵 $\boldsymbol{Y}$ 和 $\boldsymbol{B}$。

$$\boldsymbol{Y} = \begin{bmatrix} \alpha^{(1)}x^{(0)}(2) \\ \alpha^{(1)}x^{(0)}(3) \\ \vdots \\ \alpha^{(1)}x^{(0)}(n) \end{bmatrix} = \begin{bmatrix} x^{(0)}(2) - x^{(0)}(1) \\ x^{(0)}(3) - x^{(0)}(2) \\ \vdots \\ x^{(0)}(n) - x^{(0)}(n-1) \end{bmatrix}; \quad \boldsymbol{B} = \begin{bmatrix} -x^{(0)}(2) & 1 \\ -x^{(0)}(3) & 1 \\ \vdots & \vdots \\ -x^{(0)}(n) & 1 \end{bmatrix}$$

第四步，运用最小二乘法估计 DGM(2，1) 灰色微分方程 $\alpha^{(1)}x^{(0)} + ax^{(0)} = b$ 的参数 a, b，其估计值 $\hat{a}, \hat{b}$。

$$\hat{\boldsymbol{P}} = (\hat{a}, \hat{b})^{\mathrm{T}} = (\boldsymbol{B}^{\mathrm{T}}\boldsymbol{B})^{-1}\boldsymbol{B}^{\mathrm{T}}\boldsymbol{Y}$$

第五步，确定 DGM(2，1) 灰色微分方程 $\alpha^{(1)}x^{(0)} + ax^{(0)} = b$ 的时间响应序列：

$$\hat{x}^{(1)}(k+1) = c_1 \mathrm{e}^{-ak} + \frac{b}{a}k + c_2 \quad (k = 1, 2, \cdots, n)$$

式中的参数 c_1、c_2 的值可按如下两种方法之一求得：

①利用最小二乘法确定。求使 $\sum\limits_{i=1}^{n}\left(\hat{x}^{(1)}(i) - x^{(1)}(i)\right)^2$ 达到最小的参数 c_1、c_2。

②直接取两个典型数值，比如 $x^{(1)}(i)$、$x^{(1)}(j)$，令 $\hat{x}^{(1)}(i) = x^{(1)}(i)$，$\hat{x}^{(1)}(j) = x^{(1)}(j)$，通过解方程组的方式求出参数 c_1、c_2。

第六步，对 $\hat{x}^{(1)} = \left(\hat{x}^{(1)}(1),\ \hat{x}^{(1)}(2),\ \cdots,\ \hat{x}^{(1)}(n)\right)$ 序列做 1-IAGO 得 $\hat{x}^{(0)} = \left(\hat{x}^{(0)}(1),\right.$ $\hat{x}^{(0)}(2),\ \cdots,\ \hat{x}^{(0)}(n)\left.\right)$，其中，

$$\begin{cases} \hat{x}^{(0)}(1) = x^{(0)}(1) \\ \hat{x}^{(0)}(k + 1) = \hat{x}^{(1)}(k + 1) - \hat{x}^{(1)}(k)\ ,\ k = 1,\ 2,\ \cdots,\ n \end{cases}$$

第七步，利用原始数据序列模型进行预测。

$$\hat{x}^{(0)}(k + 1) = \hat{x}^{(1)}(k + 1) - \hat{x}^{(1)}(k)\quad (k > n)$$

第八步，对预测模型进行精度检验。

第九步，如精度检验通过，则可利用预测模型 $\hat{x}^{(0)}(k + 1)$ 进行预测；否则，需要建立残差模型，以便对预测模型 $\hat{x}^{(0)}(k + 1)$ 进行修正。

7.8　组合预测法

由于每种预测方法利用的数据不尽相同，对数据的处理方式也不尽相同，因此不同的预测模型揭示预测对象发展变化规律的角度、程度也有所不同，即不同的预测方法各有其优缺点。如何才能有效地利用不同预测方法的优点，抑制其不足，提高预测的精度呢？组合预测法是解决这一问题的有益尝试。组合预测法是通过适当的方式将几种预测方法组合起来，充分利用各种预测方法提供的有效信息，抑制各种预测方法的不确定性，改善预测精度的一种预测方法。

组合预测法按对单个预测方法的组合方式不同，可以分为不同的类型，其主要的分类方式有以下几种：

(1)按组合形式的不同，可以分为模型组合预测法和结果组合预测法。

模型组合预测法是一种利用建模机制中的优势互补，将两个或多个单项预测模型集成起来构成一个新的预测模型或改进的预测模型的组合预测方法。

结果组合预测法是一种将两种或多种不同的预测方法的预测结果进行加权平均得到组合预测值，以此作为最终的预测结果的组合预测方法。两者的区别在于，前者是对模型内部的组合，后者是对结果的组合。

(2)按组合函数关系形式的不同，可以分为线性组合预测法和非线性组合预测方法。

设有 m 个预测方法可用于某一问题的预测，第 i 个单项预测方法的预测值为 f_i，$i = 1$，2，$\cdots$，m，组合预测值为 f，若满足：

$$f = w_1 f_1 + w_2 f_2 + \cdots + w_m f_m \tag{7-88}$$

则称该组合预测方法为线性组合预测方法，其中 $w_i (i = 1,\ 2,\ \cdots,\ m)$ 为第 i 种预测方法组

合权系数，满足：$w_i \geqslant 0, \ i = 1, 2, \cdots, \ m$；$\sum_{i=1}^{m} w_i = 1$。

若组合预测值 f 和单项预测方法的预测值为 $f_i, i = 1, 2, \cdots, \ m$，满足：

$$f = g(f_1, f_2, \cdots, f_m) \tag{7-89}$$

其中，g 是一个非线性函数，则称该组合预测方法是非线性组合预测方法。常见的非线性组合预测有几何加权组合预测法：

$$f = \prod_{i=1}^{m} f_i^{w_i} \tag{7-90}$$

和加权调和组合预测法：

$$f = \frac{1}{\sum_{i=1}^{m} \dfrac{w_i}{f_i}} \tag{7-91}$$

(3) 按组合预测加权系数计算方法的不同，可以分为最优组合预测方法和非最优组合预测方法。

最优组合预测法是一种以组合预测的残差平方和最小为准则选择组合权系数的组合预测法。

设预测对象的观察序列为 $\{y_1, \ y_2, \ \cdots, \ y_n\}$，第 i 个预测方法在第 t 时期的预测值为 $\hat{y}_t^{(i)}(i = 1, 2, \cdots, \ m; \ t = 1, 2, \cdots, \ n)$，第 i 个预测方法的加权系数为 w_i（满足：$\sum_{i=1}^{m} w_i = 1$，$w_i \geqslant 0, \ i = 1, 2, \cdots, \ m$），则组合预测在第 t 时期的预测值 $\hat{y}_t$ 和预测误差 e_t 分别为 $\hat{y}_t = w_1 \hat{y}_t^{(1)} + w_2 \hat{y}_t^{(2)} + \cdots + w_m \hat{y}_t^{(m)}$ 和 $e_t = y_t - \hat{y}_t = \sum_{i=1}^{m} w_i \left(y_t - \hat{y}_t^{(i)} \right) = \sum_{i=1}^{m} w_i e_t^{(i)}$，组合预测误差的平方和 $Q\left(w_1, \ w_2, \ \cdots, \ w_m \right)$ 为

$$Q\left(w_1, \ w_2, \ \cdots, \ w_m \right) = \sum_{t=1}^{n} e_t^2 = \sum_{t=1}^{n} \left(\sum_{i=1}^{m} w_i e_t^{(i)} \right)^2 = \sum_{t=1}^{n} \sum_{i=1}^{m} \sum_{j=1}^{m} w_i w_j e_t^{(i)} e_t^{(j)} \tag{7-92}$$

若以组合预测误差的平方和最小为准则确定组合权系数，则确定组合权系数的最优化问题为：

$$\min Q = \sum_{t=1}^{n} \sum_{i=1}^{m} \sum_{j=1}^{m} w_i w_j e_t^{(i)} e_t^{(j)}$$

$$\text{s.t.} \begin{cases} \sum_{i=1}^{m} w_i = 1 \\ w_i \geqslant 0, \ i = 1, 2, \cdots, \ m \end{cases} \tag{7-93}$$

非最优组合预测法是一种以计算简便、计算工作量较小的方式确定组合加权系数的组合预测方法。非最优级组合预测法的优点是计算组合权系数的工作量小，且简单适用；其不足之处是没有充分利用各单项预测方法蕴含的有用信息，计算出的目标函数值通常劣于最优组合预测方法。常用的非最优组合预测法有算术平均方法、误差平方和倒数方法、误

差标准差倒数方法等。

①算术平均方法。算术平均方法将每个单项预测方法的权系数取为相同的数，令

$$w_i = \frac{1}{m} \quad (i = 1, 2, \cdots, m) \tag{7-94}$$

算术平均方法的优点为确定组合权系数容易且简单；其缺点为没有考虑各预测方法的精度，同等看待每一个预测方法，不能有效发挥高精度预测方法的作用。

②误差平方和倒数方法。误差平方和倒数方法是根据单项预测模型误差平方和的大小分配权系数。若记第 i 个单项预测方法的误差平方和为 $E_i = \sum_{t=1}^{n} \left(e_t^{(i)} \right)^2$，则误差平方和倒数方法将第 i 个单项预测方法的权系数取为

$$w_i = E_i^{-1} / \sum_{t=1}^{m} E_i^{-1} \quad (i = 1, 2, \cdots, m) \tag{7-95}$$

误差平方和倒数方法是对算术平均方法的改进，单项预测模型的预测精度越高，其对应的权系数越大。

③误差标准差倒数方法。误差标准差倒数方法是根据单项预测模型预测误差的标准差来分配权系数的，标准差越大，单项预测模型的预测精度越低，分配给它的权系数就越小。记第 i 个单项预测模型的误差标准差为 $S_i = \sqrt{\dfrac{1}{n} \sum_{t=1}^{n} \left(e_t^{(i)} - \overline{e}^{(i)} \right)^2}$，其中 $\overline{e}^{(i)}$ 为第 i 个单项预测模型误差的平均值，即 $\overline{e}^{(i)} = \dfrac{1}{n} \sum_{t=1}^{n} e_t^{(i)}$，误差标准差倒数方法将第 i 个单项预测方法的权系数取为

$$w_i = S_i^{-1} / \sum_{t=1}^{m} S_i^{-1} \quad (i = 1, 2, \cdots, m) \tag{7-96}$$

7.9 生产安全事故预测方法的选择与评价

7.9.1 生产安全事故预测方法的选择

不同的预测方法有不同的特点和适用条件，不同的生产安全事故预测问题有不同的性质、预测目的和预测精度要求。为保证生产安全事故的预测效果，在进行生产安全事故预测前，首先应根据生产安全事故预测问题所拥有的数据资料情况、预测的目的和精度要求，选择适合于生产安全事故预测问题的预测方法。在选择生产安全事故预测方法时，需考虑方方面面的因素，概括起来主要包括以下几个方面。

1) 预测目的

预测目的是指预测要解决什么问题。只有明确了预测要解决什么问题，才能确定收集什么资料，选用何种预测方法，应取得何种预测结果以及预测的重点在哪里。生产安全事故预测的目的是为安全生产管理提供决策依据，以便采取积极的预防措施，将生产安全事故消灭在萌芽状态。

2）数据的类型和分布特征

在选择预测方法建模时，数据的类型和质量是最重要的考虑因素。如果所收集的数据是时间序列数据，而且具有明显的随时间变化的趋势特征，就应考虑时间序列分析预测方法；如果所收集的数据具有明显的线性（或非线性）变化趋势，就应考虑线性预测方法（或非线性预测方法）；如果所收集的数据呈现出变量间的因果关系，就应考虑选择因果关系分析预测方法，比如回归分析预测方法等。

3）预测精度要求

依据不同的预测方法建立的预测模型的预测精度、计算工作是有所不同的，因此，在满足预测精度要求的情况下，应尽可能选择计算工作量较小的预测方法建立预测模型，以提高预测的效率。

4）预测期限

不同的预测方法适合的预测期限有所不同，有的适合于短期预测，有的适合于中期预测，有的适合于长期预测。因此，预测期限的长短是选择预测方法时应考虑的重要因素之一，只有明确了预测期限，才能确定与之相适用的预测方法。

5）预测费用

不同的预测方法所需的人力、物力和财力有所不同，因此选择预测方法时就应考虑是否有充足的预测经费做保证。如果预测经费不足，又选择了较复杂的、需要大量数据的预测方法，就可能导致预测工作难以开展下去。

6）方法的难易程度

方法的难易程度不仅关系到计算工作量的大小，而且关系到能否被用户理解和掌握。因此，为了便于用户理解和掌握预测模型，以利于在更大范围推广使用预测模型，在选择预测方法的时候，一定要考虑预测方法的难易程度。

综上所述，在选择预测方法时应把上述六个方面的因素综合起来考虑，以便选出适用的、切合实际的、能被用户理解和掌握的预测方法，把生产安全事故预测工作落到实处。

7.9.2 生产安全事故预测方法的评价

由于不同的预测方法的适用条件、适用范围有所不同，因此对预测方法的评价不能一概而论，即对不同的预测目标、不同的预测要求，评价预测方法优与劣的标准应有所不同，但一般应遵循以下几个基本原则。

1）合理性

合理性是指预测方法要有充分的科学依据，要符合逻辑，据此建立的预测模型能恰当地反映事物发展变化规律。只有具备合理性，才能保证预测结果的科学性。

2）预测能力

预测能力是指依据预测方法建立的预测模型是否能反映预测期间事物的发展情况、是否具有足够的预测精度。一个预测模型无论怎么完美，倘若它不能反映预测期间事物的发展变化情况，预测精度低，它就不是一个好的预测模型。

3) 稳定性

稳定性是指依据预测方法建立的预测模型能在较长的时期内准确地反映预测对象发展变化情况的能力大小。若一个预测模型具有较高的稳定性，则该预测模型的抗干扰性就强，因而是优先选择的对象。

4) 简单性

简单性是指在满足预测精度要求的情况下，预测模型的复杂程度和运用的难易程度。在预测精度相当的情况下，优先选择简单的预测方法。

第8章 企业生产安全事故预警评价技术与方法

8.1 生产安全事故预警评价指标体系的构建

8.1.1 预警指标设计原则

预警指标是指能反映生产经营系统某一时段各个方面的安全状态及其变化趋势，以及生产安全各方面的协调情况的指标。预警指标的设计和选择是生产安全事故预警的基础性工作，为确保生产安全事故预警的科学性和实用性，预警指标的设计应遵循以下原则。

1) 科学性原则

科学性原则是指以系统科学的原理为指导，运用科学的方法和程序调查、收集生产经营系统运行状态的相关信息和数据，客观分析生产经营系统的"非优状态"，找出导致生产安全事故现象的主、次作用因素和内外环境因素，用数据指标描述引发事故现象的各种征兆。

2) 系统性原则

系统性原则是指从生产经营系统的整体出发，深入分析生产经营系统各环节、各方面、各层次的"非优状态"，以使所选取的预警指标能够全面、准确、敏感地抓住生产经营系统的安全状态信息。

3) 动态性原则

动态性原则是指所选取的预警指标应能及时、灵活反映生产经营系统的安全状态及其变化。通过对预警指标值的动态变化情况的监测和评价，以确保生产安全事故预警的准确性和灵敏性。

4) 实用性原则

实用性原则是指预警指标的设置必须有足够的基本数据支持，便于量化、计算简便、实施可行、考核方便，操作性强。实用性原则要求设计预警指标时应注意预警指标的数据可获得性，定性指标定量化方法的简便性，以及指标计算的可操作性。

5) 合理性原则

合理性原则是指所选取的预警指标应突出重点、分清主次、相对独立、规模适宜。预警指标应能反映重点领域、影响较大的生产安全事故的征兆，具有重要影响的指标应细分，其他指标适当粗分；指标不能重复，不允许出现两种状态的交叉以及指标之间的包含关系。

6) 可比性原则

可比性原则是指预警指标的含义、统计口径、计算方法等应具有一致性，以保证所选取的指标能在企业与企业之间、同一企业不同时期之间进行比较。

8.1.2　预警指标设计的依据

生产安全事故预警是在系统分析生产安全事故的各种诱发因素的基础上,根据诱发因素所处状态及其作用关系对生产经营系统可能或将要面临的安全形势、安全状态进行预测和预报。因此,生产安全事故预警指标设计的依据是事故诱因分析的相关理论和方法,具体包括以下三个方面:

(1)事故致因理论。不同的事故致因理论从不同的角度、不同的层面揭示了事故致因因素及其作用机理,为生产安全事故预警指标设计奠定了坚实的理论基础,为预警指标的选取提供了依据。

(2)典型事故分析。典型生产安全事故具有一定的代表性,通过对典型生产安全事故的案例分析,找出引发生产安全事故的因素,弄清各因素间的作用关系,在此基础上提炼出引发生产安全事故的主要因素,据此便可以设计生产安全事故的预警指标。

(3)危险和有害因素分析。危险和有害因素分析将危险和有害因素分为人的不安全行为、物的不安全状态因素、环境的不安全条件或因素、管理的缺陷或漏洞四类,它为提取生产经营系统的不安全因素、设计预警指标提供了依据。

8.1.3　预警评价指标体系设计

在明确了生产安全事故预警指标设计原则和确定的方法之后,需要进一步考虑如何设计生产安全事故预警评价指标体系的问题,即依据什么来设计预警评价指标体系,以满足预警指标的设计原则和要求。本书以事故致因理论为基础,以生产安全事故成因分析结果为依据,运用综合、归纳、分类等分析方法分别从人的因素、物的因素、环境因素和管理因素四个方面设计生产安全事故预警评价指标体系,其具体的设计思路如图 8-1 所示。

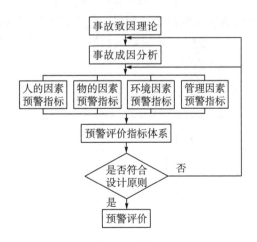

图 8-1　生产安全事故预警评价指标体系设计思路和流程

按照图 8-1 所示的生产安全事故预警评价指标体系的设计思路和流程，本书分别从人的因素、物的因素、环境因素和管理因素四个方面设计生产安全事故预警评价指标体系，其构成如图 8-2 所示。

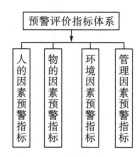

图 8-2　生产安全事故预警评价指标体系的构成

(1) 人的因素预警指标，包括技术考核不合格率、操作违规率、操作失误率、特情处理失当次数、体检未达标率、个性心理能力等 6 个指标，如图 8-3 所示。

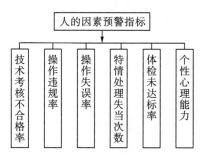

图 8-3　人的因素预警指标结构图

(2) 物的因素预警指标，包括机器设备故障率、机器设备超负荷运行台时、机器设备检修计划未兑现率、机器设备非计划检维修数量、机器设备维修失误率、机器设备维护质量未达标率、设备设施设计不当数、防护保险装置缺乏和缺陷数、物品贮存保管不符合安全要求数等 9 个指标，如图 8-4 所示。

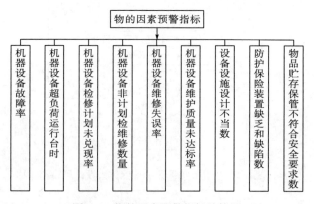

图 8-4　物的因素预警指标结构图

（3）环境因素预警指标，包括环境湿度和温度不当时率、照明和通风不良时率、杂乱作业场所个数、操作流程设计不当数、作业场所设计不当数 5 个指标，如图 8-5 所示。

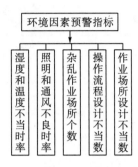

图 8-5　环境因素预警指标结构图

（4）管理因素预警指标，包括技术管理失误数、人员管理失误数、劳动组织管理失误数、现场管理失误数、安全管理失误数等 5 个指标，具体如图 8-6 所示。

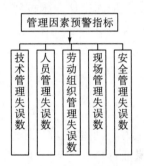

图 8-6　管理因素预警指标结构图

综合上述四个方面的预警指标的分析和设计，本书设计的生产安全事故预警评价指标体系由 4 个一级指标、25 个二级指标组成，如表 8-1 所示。

表 8-1　生产安全事故预警评价指标体系

生产安全事故预警评价指标体系	人的因素 F_1	技术考核不合格率 F_{11}
		操作违规率 F_{12}
		操作失误率 F_{13}
		特情处理失当次数 F_{14}
		体检未达标率 F_{15}
		个性心理能力 F_{16}
	物的因素 F_2	机器设备故障率 F_{21}
		机器设备超负荷运行台时 F_{22}
		机器设备检修计划未兑现率 F_{23}
		机器设备非计划检维修数量 F_{24}
		机器设备维修失误率 F_{25}

	机器设备维护质量未达标率 F_{26}
	设备设施设计不当数 F_{27}
	防护保险装置缺乏和缺陷数 F_{28}
	物品贮存保管不符合安全要求数 F_{29}
环境因素 F_3	湿度和温度不当时率 F_{31}
	照明和通风不良时率 F_{32}
	杂乱作业场所个数 F_{33}
	操作流程设计不当数 F_{34}
	作业场所设计不当数 F_{35}
管理因素 F_4	技术管理失误数 F_{41}
	人员管理失误数 F_{42}
	劳动组织管理失误数 F_{43}
	现场管理失误数 F_{44}
	安全管理失误数 F_{45}

需要说明的是,本书的生产安全事故预警指标的设置,仅仅是为了说明生产安全事故预警指标的设计思路和流程,在实际应用中还应根据实际情况增减二级指标层的指标,以及细化二级指标、设计三级指标,以使生产安全事故预警评价指标体系更科学和更适用。

8.2 预警评价指标的测评

生产安全事故预警评价指标的测评可通过如下三种方式进行:①通过收集到的数据进行量化计算;②由管理人员和专家通过打分得到;③根据安全记录得到。各类预警指标说明及其测评方法,如表 8-2~表 8-5 所示。

表 8-2 人的因素预警评价指标说明与测评方法

指标	代码	指标类型	测评方法说明
技术考核不合格率	F_{11}	重要指标	反映员工的专业技术知识水平,可由培训、相关考试记录得到 技术考核不合格率=(培训、考试不合格人数/应考培训、考试的人数)×100%
操作违规率	F_{12}	重要指标	反映员工遵守相关操作规章制度的情况 操作违规率=(违规操作次数/操作总次数)×100%
操作失误率	F_{13}	重要指标	反映员工的专业技术水平 可通过工作记录得到
特情处理失当次数	F_{14}	敏感指标	反映员工对特殊紧急事件的处理能力 可从相关工作记录得到
体检未达标率	F_{15}	辅助指标	反映员工的身体状况是否符合相关工作岗位的要求 可从定期体检报告得到
个性心理能力	F_{16}	重要指标	反映员工的个性特质和心理活动方面是否达到相关工作岗位的要求 可通过相关心理测试得到

表 8-3　物的因素预警评价指标说明与测评方法

指标	代码	指标类型	测评方法说明
机器设备故障率	F_{21}	重要指标	反映机器设备的非正常工作状态 机器设备故障率=(故障机器设备台数/工作机器设备台数)×100%
机器设备超负荷运行台时	F_{22}	重要指标	反映机器设备的工作强度 可以根据机器设备运行记录得到
机器设备检修计划未兑现率	F_{23}	重要指标	反映机器设备检修计划执行情况 机器设备检修计划未兑现率=(已按计划检修的机器设备台数/计划检修机器设备台数)×100%
机器设备非计划检维修数量	F_{24}	辅助指标	反映机器设备非计划检维情况 可从机器设备检维修记录得到
机器设备维修失误率	F_{25}	重要指标	反映机器设备的维修水平 机器设备维修失误率=(机器维修失误的台数/机器设备维修台数)×100%
机器设备维护质量未达标率	F_{26}	重要指标	反映机器设备的状态和维护水平 机器设备维护质量未达标率=(机器设备维护质量合格台数/机器设备维护台数)×100%
设备设施设计不当数	F_{27}	重要指标	反映设备设施设计的合理性 可从现场调查和安全检查得到
防护保险装置缺乏和缺陷数	F_{28}	重要指标	反映工作场所的安全防护情况 可从安全检查和设备设施设计规范得到
物品贮存保管不符合安全要求数	F_{29}	重要指标	反映物品贮存、保管是否符合安全要求 可从安全检查、安全规范得到

表 8-4　环境因素预警评价指标说明与测评方法

指标	代码	指标类型	测评方法说明
湿度和温度不当时率	F_{31}	重要指标	反映环境湿度和温度是否符合作业环境要求情况 环境湿度和温度不当时率=(湿度和温度符合作业环境要求的工作时间/工作时间)×100%
照明和通风不良时率	F_{32}	重要指标	反映作业环境的照明光线和通风情况是否符合作业环境要求 照明和通风不良时率=(照明和通风符合作业环境要求的工作时间/工作时间)×100%
杂乱作业场所个数	F_{33}	重要指标	反映作业场所的物资、物品等的摆放情况是否符合作业场所物品摆放要求 可从作业场所物品摆放规范和安全检查得到
操作流程设计不当数	F_{34}	重要指标	反映操作流程是否利于安全生产情况 可从现场调查和操作流程设计规范得到
作业场所设计不当数	F_{35}	重要指标	反映作业场所道路、线路、机器设备安放位置、标识等的设计情况 可从现场调查和作业场所设计规范得到

表 8-5　管理因素预警评价指标说明与测评方法

指标	代码	指标类型	测评方法说明
技术管理失误数	F_{41}	重要指标	反映技术管理水平 可从技术管理记录、事故记录得到
人员管理失误数	F_{42}	重要指标	反映人员管理水平 可从人员管理记录、事故记录得到
劳动组织管理失误数	F_{43}	重要指标	反映劳动组织管理水平 可从劳动组织管理记录、事故记录得到
现场管理失误数	F_{44}	重要指标	反映现场管理水平 可从现场管理记录、事故记录得到
安全管理失误数	F_{45}	重要指标	反映安全管理水平 可从安全管理记录、事故记录得到

8.3　预警评价指标权重的确定

1. 权重的定义

在生产安全事故预警评价中一般用权重来表示不同预警指标的相对重要程度,对预警评价结果影响较大的预警指标分配相对较大的权重,反之则分配较小的权重,与预警评价指标体系中各项指标相对应的权重组成了指标权重体系。

对既定的生产安全事故预警评价指标体系,当权重体系不同时其评价的结果往往也不同。对上级安全管理者来说,权重反映了管理者的偏好、组织的要求及环境的影响。生产安全事故预警评价指标权重确定得准确与否直接决定了预警评价结果的信度和效度。

在综合评价中,权重体系是与指标体系相对应的,首先必须有指标体系,然后才有相应的权重体系。一组权重体系 w_1, w_2, w_3, …, w_n, 必须满足下述两个条件:

(1) $0 < w_j \leqslant 1$, $j = 1, 2, 3, …, n$;

(2) $\sum_{j=1}^{n} w_j = 1$,其中, n 为评价指标的个数。

2. 确定预警评价指标权重的方法

目前,已提出权重的多种确定方法,比如专家评分法、指标判断表法、最大频率组的组中值法、变异系数法、最小平方和法、最大熵技术法和层次分析法等,不同的权重确定方法计算难度、所需数据多少有所不同,本书采用专家评分法和层次分析法确定预警评价指标的权重。

(1)专家评分法。专家评分法是一种先由专家根据各自的经验和专业知识分别确定各预警评价指标的相对重要性权系数,然后通过计算各预警评价指标权系数的平均值,并把各预警评价指标的权系数平均值作为该指标权重的权重确定方法。

(2)层次分析法。层次分析法是一种根据生产安全事故预警评价指标体系建立层次分析模型，通过预警指标的两两重要性比较建立判断矩阵，计算判断矩阵的最大特征及其对应的特征向量，得到各预警评价指标的单层次权重，再对预警指标各层次权重进行综合，最后得到各预警评价指标最终权重的权重确定方法。

8.4　预警评价指标的定量化处理

由于生产安全事故预警评价的指标值具有量纲不一致性、定性指标和定量指标相混合、指标导向不一致性等特性，进行生产安全事故预警评价时，必须进行一定的量化处理，才能应用相应的方法对生产安全事故预警评价问题进行定量分析。生产安全事故预警评价问题的量化处理包括两个方面：①定性指标值的量化处理；②不同量纲指标值的规范化处理。只有进行了这两个方面的处理之后，才能运用相应的方法对生产安全事故预警评价问题进行定量分析。

1. 定性指标值的量化处理方法

在进行生产安全事故预警评价时，评价指标不仅有定量指标，有时还必须考虑一些定性指标，如可靠性、灵敏度等。为了得到生产安全事故预警评价的定量化评价结果，在进行生产安全事故预警评价时必须事先对定性指标进行定量化处理，否则将无法进行最终的定量评价。对定性预警指标定量化的通常做法为：首先给定性预警指标以明确的定义，再根据定性预警指标定义和实际情况给定性预警指标评分，比如机器设备的可靠性可以按可靠性的标准划分为若干等级，对不同等级规定评分值，并作为该预警指标的指标值。总之，对于定性预警指标而言，可结合具体技术参数、实际情况等，把定性预警指标人为定量化，定量化的标准是使预警对象具有可比性。定性预警指标定量化的方法很多，比如 Delphi 法、头脑风暴法、模糊方法、灰色方法、AHP 法等。本书采用 5 级评比量表的方法将预警指标最优值赋以较大的量表值 5，将预警指标最劣值赋以较小的量表值 1，具体赋分方法如表 8-6 所示。

表 8-6　定量指标的量化赋分表

危险程度	无危险	低度危险	中度危险	严重危险	高度危险
赋分值	1	2	3	4	5

2. 定量预警指标值的规范化处理

定量预警指标值的规范化处理的基本思想是把某预警指标的可能取值范围划分为 5 段区间，分别对应于"高度危险、严重危险、中度危险、低度危险和无危险（安全）"五个危险等级，并给这五个危险等级赋以数据 5、4、3、2、1，介于这五个等级之间的情况赋予相应等级数值之间的数值。由于定量预警指标中有的取值越大其对应的危险程度也越高（称这样的预警指标为"正向指标"），有的取值越大其对应的危险程度越低（称这样的预测指标为"负向指标")。为此，下面分别介绍正向定量指标和负向定量指标的规范化处理方法。

1) 正向定量指标的规范化处理方法

设第 i 类第 j 个定量预警指标 F_{ij} 的取值范围为 $M_{ij}^- \leqslant x_{ij} \leqslant M_{ij}^+$，其中，$x_{ij}$ 为第 i 类第 j 个定量预警指标 F_{ij} 的实际取值，M_{ij}^-、M_{ij}^+ 分别为第 i 类第 j 个定量预警指标 F_{ij} 的取值上界和下界。又设根据安全管理技术标准和企业安全管理实际确定了 4 个临界值 (M_1, M_2, M_3, M_4)，将区间 $[M_{ij}^-, M_{ij}^+]$ 划分为 5 个子区间 $[M_{ij}^-, M_1)$、$[M_1, M_2)$、$[M_2, M_3)$、$[M_3, M_4)$、$[M_4, M_{ij}^+]$，当第 i 类第 j 个定量预警指标 F_{ij} 的取值 x_{ij} 落在这 5 个子区间时，对应的危险状态分别为无危险(安全)、低度危险、中度危险、严重危险、高度危险，则正向定量指标的规范化处理方法如下：

$$r_{ij} = \begin{cases} 4 + \dfrac{x_{ij} - M_4}{M_{ij}^+ - M_4}, & x_{ij} \in [M_4, M_{ij}^+] \\[2mm] 3 + \dfrac{x_{ij} - M_3}{M_4 - M_3}, & x_{ij} \in [M_3, M_4) \\[2mm] 2 + \dfrac{x_{ij} - M_2}{M_3 - M_2}, & x_{ij} \in [M_2, M_3) \\[2mm] 1 + \dfrac{x_{ij} - M_1}{M_2 - M_1}, & x_{ij} \in [M_1, M_2) \\[2mm] \dfrac{x_{ij} - M_{ij}^-}{M_1 - M_{ij}^-}, & x_{ij} \in [M_{ij}^-, M_1) \end{cases} \qquad (8\text{-}1)$$

式中，r_{ij} 为第 i 类第 j 个定量预警指标 F_{ij} 的规范化指标值，其中 $0 \leqslant r_{ij} \leqslant 5$，无量纲，且 r_{ij} 越大其对应的危险程度越高。

2) 负向定量指标的规范化处理方法

设第 i 类第 j 个定量预警指标 F_{ij} 的取值范围为 $M_{ij}^- \leqslant x_{ij} \leqslant M_{ij}^+$，其中，$x_{ij}$ 为第 i 类第 j 个定量预警指标 F_{ij} 的实际取值，M_{ij}^-、M_{ij}^+ 分别为第 i 类第 j 个定量预警指标 F_{ij} 的取值上界和下界。又设根据安全管理技术标准和企业安全管理实际确定了 4 个临界值 (M_1, M_2, M_3, M_4)，将区间 $[M_{ij}^-, M_{ij}^+]$ 划分为 5 个子区间 $[M_{ij}^-, M_1)$、$[M_1, M_2)$、$[M_2, M_3)$、$[M_3, M_4)$、$[M_4, M_{ij}^+]$，当第 i 类第 j 个定量预警指标 F_{ij} 的取值 x_{ij} 落在这 5 个子区间时，对应的危险状态分别为高度危险、严重危险、中度危险、低度危险、无危险(安全)，则负向定量指标的规范化处理方法如下：

$$
r_{ij} = \begin{cases}
1 - \dfrac{x_{ij} - M_4}{M_{ij}^+ - M_4}, & x_{ij} \in [M_4,\ M_{ij}^+] \\[2mm]
2 - \dfrac{x_{ij} - M_3}{M_4 - M_3}, & x_{ij} \in [M_3,\ M_4) \\[2mm]
3 - \dfrac{x_{ij} - M_2}{M_3 - M_2}, & x_{ij} \in [M_2,\ M_3) \\[2mm]
4 - \dfrac{x_{ij} - M_1}{M_2 - M_1}, & x_{ij} \in [M_1,\ M_2) \\[2mm]
5 - \dfrac{x_{ij} - M_{ij}^-}{M_1 - M_{ij}^-}, & x_{ij} \in [M_{ij}^-,\ M_1)
\end{cases} \tag{8-2}
$$

式中，r_{ij} 为第 i 类第 j 个定量预警指标 F_{ij} 的规范化指标值，其中 $0 \leqslant r_{ij} \leqslant 5$，无量纲，且 r_{ij} 越大其对应的危险程度越高。

8.5　预警评价的常用方法

可用于生产安全事故预警评价的方法很多，本书选用简单加权和法和模糊综合评价法。

1. 简单加权和法

简单加权和法，是先对预警评价指标值作定量化处理，计算预警评价指标的定量化处理指标值的加权和得预警对象的预警评价值，然后根据预警评价值和预警等级划分标准确定预警对象的预警等级的一种预警评价方法。

设第 i 类预警因素的权重为 $w_i\ (i = 1,\ 2,\ 3,\ 4)$，第 i 类预警因素的第 j 个预警评价指标的权重为 w_{ij}，定量化处理指标值为 $r_{ij}\ (i = 1,\ 2,\ 3,\ 4;\ j = 1,\ 2,\ \cdots,\ n_i)$，则简单加权和法的具体步骤如下：

第一步，对预警评价指标值 x_{ij} 做定量化处理得定量化处理指标值 $r_{ij}\ (i = 1,\ 2,\ 3,\ 4;\ j = 1,\ 2,\ \cdots,\ n_i)$。

第二步，求第 i 类预警因素的预警评价指标的定量化处理指标值的加权和得第 i 类预警因素的预警评价值 U_i，其计算公式为

$$
U_i = \sum_{j=1}^{n_i} w_{ij} r_{ij} \quad (i=1,\ 2,\ 3,\ 4) \tag{8-3}
$$

第三步，求各预警因素的预警评价值的加权和得预警对象的预警评价值 U，其计算公式为

$$
U = \sum_{i=1}^{4} w_i U_i \tag{8-4}
$$

第四步，根据各预警因素的预警评价值 U_i、预警对象的预警评价值 U，以预警等级

划分标准，确定各预警因素的预警等级和预警对象的预警等级。

2. 模糊综合评价法

模糊综合评价法是一种首先运用隶属度、隶属函数等概念将边界不清、不易定量的因素进行定量化处理，再根据各因素间的关系运用模糊关系合成的原理对被评价事物隶属等级状况进行整体评价的方法。模糊综合评价法在生产安全事故预警评价中应用的步骤为：

第一步，建立生产安全事故动态监测因素集 F。

生产安全事故预警指标体系即构成了因素层次划分模型，它由两个层次的因素构成，第一层的因素为 $F = \{F_1, F_2, \cdots, F_m\}$，其中第一层因素 F_i 又由第二层因素 F_{ij} 构成，即 $F_i = \{F_{i1}, F_{i2}, \cdots, F_{in_i}\}$，$i = 1, 2, \cdots, m$。其中，$m$ 为生产安全事故预警评价指标体系考虑的评价因素个数，在本书中 $m=4$；n_i 为生产安全事故预警评价指标体系中第 i 评价因素所考虑的预警评价指标个数。

第二步，建立各因素的评语集 V。

评语集是对各层次因素所处状态的直接描述和表征形式。本书将各因素状态的监测等级确定为高度危险(v_1)、严重危险(v_2)、中度危险(v_3)、低度危险(v_4)和无危险(安全，$v_5)$ 5个，即评语集为 $V=\{$高度危险(v_1)，严重危险(v_2)，中度危险(v_3)，低度危险(v_4)，无危险(安全，$v_5)\}$。

第三步，依次确定各因素的权重，建立权重集 A 和 A_i。

用专家评分法或层次分析法依次确定因素集 $F = \{F_1, F_2, \cdots, F_m\}$ 中各元素 F_i 相对于评价总目标 F 的权重，得权重集 $A = (w_1, w_2, \cdots, w_m)$，以及 $F_i = \{F_{i1}, F_{i2}, \cdots, F_{in_i}\}$ 中各评价指标 F_{ij} 相对于评价因素 F_i 的权重，得权重集 $A_i = (w_{i1}, w_{i2}, \cdots, w_{in_i})$，$i = 1, 2, \cdots, m$。

第四步，进行单因素评价，建立模糊评判矩阵 $\tilde{R}_i$。

聘请 10～30 名专家(如各级管理人员、技术人员、操作人员等)组成专家评价组，要求每一位专家对各个评价因素的每一个评价指标作出等级评价，然后统计专家评价结果，具体的统计方法为：对评价指标 F_{ij} 来说，把选择 F_{ij} 为相同评语等级 v_k 的人数相加，再除以专家的总人数，即可以得到评价指标 F_{ij} 隶属于评语等级 v_k 的隶属度 $r_{ijk} (k = 1, 2, 3, 4, 5)$，以 r_{ijk} 为元素组成的矩阵 $\tilde{R}_i$ 即为生产安全事故预警评价的第 i 个评价因素 F_i 单因素评价的模糊评判矩阵，即有

$$\tilde{R}_i = \begin{pmatrix} r_{i11} & r_{i12} & r_{i13} & r_{i14} & r_{i15} \\ r_{i21} & r_{i22} & r_{i23} & r_{i24} & r_{i25} \\ \vdots & \vdots & \vdots & \vdots & \vdots \\ r_{in_i 1} & r_{in_i 2} & r_{in_i 3} & r_{in_i 4} & r_{in_i 5} \end{pmatrix}$$

式中，$\tilde{R}_i$ 的行数 n_i 为评价因素 F_i 包含的评价指标个数；$\tilde{R}_i$ 的列数为评语集 V 中元素的个数。

第五步，模糊综合评价。

模糊综合评价由低层次向高层次逐层进行，对于生产安全事故预警评价指标体系来

说，先进行第二层评价，再进行第一层的评价。为此，先进行第二层因素的模糊综合评价，得模糊综合评语集 $\tilde{B}_i$：

$$\tilde{B}_i = A_i \cdot \tilde{R}_i = \begin{pmatrix} b_{i1}, & b_{i2}, & b_{i3}, & b_{i4}, & b_{i5} \end{pmatrix}$$

式中，$b_{ik} = \sum\limits_{j=1}^{n_i} \left(w_{ij} r_{ijk} \right)$，$i = 1, 2, \cdots, m$，本书中 $m = 4$，表示人的因素、物的因素、环境因素、管理因素共 4 个因素；$k = 1, 2, 3, 4, 5$，表示评语集 V 中的 5 个评语等级；b_{ik} 表示评价因素 F_i 隶属于评语等级 v_k 的隶属度。另外，为减少信息丢失，本书采用的是$(+,$ $\times)$算子，而不是$(\vee, \wedge)$算子进行模糊综合运算。

再进行第一层因素的模糊综合评价得出第一层因素的模糊综合评语集 B。先由第二层的模糊综合评语集 $\tilde{B}_i$ 构造第一层因素的模糊评判矩阵 $\boldsymbol{R}$：

$$\boldsymbol{R} = \begin{pmatrix} b_{11} & b_{12} & b_{13} & b_{14} & b_{15} \\ b_{21} & b_{22} & b_{23} & b_{24} & b_{25} \\ b_{31} & b_{32} & b_{33} & b_{34} & b_{35} \\ b_{41} & b_{42} & b_{43} & b_{44} & b_{45} \end{pmatrix}$$

再根据权重 A 和模糊评判矩阵 $\boldsymbol{R}$ 进行模糊综合运算得第一层模糊综合评语集 B：

$$B = A \cdot \boldsymbol{R} = (w_1, \ w_2, \ \cdots, \ w_m) \cdot \begin{pmatrix} b_{11} & b_{12} & b_{13} & b_{14} & b_{15} \\ b_{21} & b_{22} & b_{23} & b_{24} & b_{25} \\ b_{31} & b_{32} & b_{33} & b_{34} & b_{35} \\ b_{41} & b_{42} & b_{43} & b_{44} & b_{45} \end{pmatrix} = (b_1, \ b_2, \ b_3, \ b_4, \ b_5)$$

式中，$b_k = \sum\limits_{i=1}^{4} \left(w_i b_{ik} \right)$，表示生产经营系统的安全状态隶属于第 k 个评语等级 v_k 的隶属度，$k = 1, 2, 3, 4, 5$。

第六步，评价结果的处理。

(1) 最大隶属法。按最大隶属度原则，以最大隶属度对应等级为评价结果。若 $b_t = \max\limits_{1 \leqslant k \leqslant 5} b_k$，则 b_t 对应的评价等级 v_t 就是生产经营系统的安全状态所属安全状态等级。该种处理方式适合于模糊综合评价集 B 各分量的数字悬殊比较大的情况，当模糊综合评价集 B 各分量的数字比较接近时，该种处理方式有失科学性和合理性，这是因为该种处理方式仅考虑了最大隶属度，而忽略了次小隶属度，以及其他隶属度提供的信息。

(2) 等级加权法。在实际问题中，为了便于纵向和横向比较，需要综合考虑模糊综合评价所提供的隶属于所有评语等级的隶属度信息，这时可使用等级加权法对模糊综合评价结果进行处理。等级加权法的步骤如下。

第一步，对模糊综合集 $B = \begin{pmatrix} b_1, & b_2, & b_3, & b_4, & b_5 \end{pmatrix}$ 做归一化处理，得归一化模糊综合评价集 $\overline{B} = \begin{pmatrix} \overline{b}_1, & \overline{b}_2, & \overline{b}_3, & \overline{b}_4, & \overline{b}_5 \end{pmatrix}$，其中 $\overline{b}_i = b_i \ / \ \sum\limits_{k=1}^{5} b_k$；

第二步，根据选定的数字系统将评语等级数字化，本书选定 $1 \sim 5$ 数字系统，为此分别将评语等级高度危险(v_1)、严重危险(v_2)、中度危险(v_3)、低度危险(v_4)和无危险(安全,v_5)赋给数字 $s_1=5$,$s_2=4$,$s_3=3$,$s_4=2$,$s_5=1$;

第三步,求加权和得生产安全事故预警评价结果 $u = s_1\overline{b_1} + s_2\overline{b_2} + s_3\overline{b_3} + s_4\overline{b_4} + s_5\overline{b_5}$;

第四步,对结果 u 与预警评价标准进行比较,给出生产安全事故预警等级,即观察 u 落入"高度危险(4.5, 5)""严重危险(3.5, 4.5)""中度危险(2.5, 3.5)""低度危险(1.5, 2.5)"和"无危险(1, 1.5)"哪一个区间,当 u 值处于某一个区间时,则可以给出生产经营系统所处的安全状态。

8.6　预警等级及其划分标准

1. 预警等级的确定

预警信号输出中,预警等级的确定具有重要作用,应根据企业所处的行业、地区等具体情况制定,并及时根据条件的变化进行必要的修订。既可以根据同行业平均值、专家经验值确定,又可以根据企业发生过的安全事故统计值、企业历史经验判断等进行确定。

借鉴相关文献,结合现场实际调研,将生产经营系统的安全状态划分为高度危险、严重危险、中度危险、低度危险和无危险(安全)5 个预警等级,如表 8-7 所示。

表 8-7　生产安全事故预警等级

等级	等级名称	描述
1 级	无危险(安全)	无须采取控制措施
2 级	低度危险	后果影响微小,对生产经营系统几乎没有影响,暂不采取控制措施,加强监控
3 级	中度危险	后果影响较小,对生产经营系统暂不会造成破坏,考虑采取控制措施对可能造成的影响予以控制
4 级	严重危险	后果严重,对生产经营系统产生严重影响,应立即采取控制措施予以纠正
5 级	高度危险	灾难性后果,对生产经营系统产生破坏,应立即采取行动予以排除

2. 预警等级划分标准

根据本书选定的预警等级数字系统,及综合预警值反映未来一段时间里生产经营系统的整体或局部的安全状态,确定生产安全事故预警等级划分标准,如表 8-8 所示。

表 8-8　生产安全事故预警等级划分标准

预警等级	无危险	低度危险	中度危险	严重危险	高度危险
预警评价值	$1<u\leqslant1.5$	$1.5<u\leqslant2.5$	$2.5<u\leqslant3.5$	$3.5<u\leqslant4.5$	$4.5<u\leqslant5$

第9章　企业生产安全事故预防与控制对策

9.1　生产安全事故预防与控制的基本思路

生产安全事故预防与控制包括生产安全事故预防和生产安全事故控制两个方面的内容。生产安全事故预防是指通过采用技术、管理、教育等手段使生产安全事故发生的可能性降到最低；生产安全事故控制是指通过采用技术、管理、教育等手段使生产安全事故发生后不造成严重后果或使损害尽可能地减少。

根据事故致因的轨迹交叉理论知，在生产过程中，存在着人的因素运动轨迹(生理和心理缺陷→社会环境和管理缺陷→后天身体缺陷→五官能量分配上的差异→行为失误)和物的因素运动轨迹(设计缺陷→制造和工艺流程的缺陷→维修和保养的缺陷→使用上的缺陷→作业场所环境的缺陷)两个运动轨迹，当这两个运动轨迹相交时，才会发生生产安全事故。因此，为了预防生产安全事故的发生，控制生产安全事故造成的损害，应通过技术手段消除物的不安全状态，通过管理和教育手段消除人的不安全行为，综合运用技术、管理、教育等手段避免物的不安全状态和人的不安全行为在同一时间、同一空间发生。

基于上述分析，生产安全事故预防与控制的基本思路是以危险源为分析对象，以消除事故隐患为手段，以避免生产安全事故的发生和控制生产安全事故造成的损害为目标，运用安全技术解决物的不安全状态问题，通过安全教育解决人应该怎么做的问题，通过安全管理解决人必须怎么做的问题，即综合采取安全技术、安全管理和安全教育对策预防和控制生产安全事故。

9.2　安全技术对策

安全技术对策是控制物质的形态，解决物的不安全状态的技术手段和技术措施，它是实现本质安全，预防和控制生产安全事故的最佳措施。安全技术包括预防事故发生的安全技术和减少事故损失的安全技术。

9.2.1　采取安全技术对策的基本原则

采取安全技术对策的基本原则是优先选用无危险或危险性小的工艺和物料，广泛采用机械化、自动化生产装置(或生产线)和自动化监测、报警、故障排除、安全连锁保护等装置，尽可能防止物质危险因素的失控和操作人员在生产过程中直接接触可能产生危险因素的设备、设施和物料。预防和控制生产安全事故的具体技术措施很多,适合的对象也有所不同,但它们都遵循以下基本原则。

1) 消除潜在危险原则

消除潜在危险原则是指在工艺流程中和生产设备上设置自动保险、失效保护等安全防护装置,使得即使在发生了人的不安全行为或设备的某个零部件发生了故障的情况下,也能避免安全事故的发生。

2) 减弱原则

减弱原则是指对无法根除的危险和有害因素应采取措施减弱其危害,使这些危险和有害因素造成的危害降低到人们可以接受的水平。

3) 距离原则

距离原则是指应用距离防护原理,采取措施使人体与危险和有害因素保持安全距离,以减弱危险和有害因素对人体的危害。

4) 防止接近原则

防止接近原则是指采取措施使人不能接近危险和有害因素的作用地带,或使危险和有害因素不能进入人的操作地带,避免危险和有害因素对人造成伤害。

5) 时间防护原则

时间防护原则是指采取措施将人处在危险和有害因素作用地带的时间缩短到安全限度之内,以避免危险和有害因素对人体造成危害。

6) 防止能量蓄积原则

防止能量蓄积原则是指应采取措施防止能源蓄积得越来越大,以防止意外的、过量的能量释放。

9.2.2　预防事故发生的安全技术

1. 控制能量技术

安全事故后果的严重程度与安全事故涉及能量的大小成正比,而安全事故涉及的能量绝大多数情况下就是系统具有的能量,因此采用控制能量的方法可以从根本上保证系统的安全性。常用的控制能量的方法包括:限制能量、用较安全的能源代替危险能源、防止能量积累、控制能量释放、延缓能量释放、开辟能量释放通道等。

2. 隔离技术

隔离是指采用分离、屏蔽措施将已识别的危险与人员、机器、设备、设施等隔开,以防止危险的发生,或将危险降低到最低水平。

3. 内在安全设计技术

内在安全,又称本质安全,是指不依靠外部附加的安全装置和设备,依靠自身的安全设计,即使在发生故障或误操作的情况下,设备和系统仍然能保证安全。内在安全设计方法是一种通过改进系统的设计消除危险或将危险限制在没有危害的范围内,使系统达到内在安全的方法，常用的内在安全设计方法：一是通过设计消除风险，二是通过设计降低危险的严重性。

4. 闭锁、锁定和连锁技术

闭锁、锁定和连锁的功能是防止不相容事件的发生，以及事件在错误的时间发生或以错误的顺序发生。具体来说，闭锁是指防止某事件发生或防止人、物等进入危险区域；锁定是保持某事件或状态，或避免人、物、力或因素脱离安全或限定的区域；连锁是保证在特定的情况下不发生某事件。

5. 故障-安全设计技术

故障-安全设计是指当系统、设备的一部分发生故障或失效时，在一定时间范围内能够保证整个系统、设备安全的技术设计，其基本原则是首先保证人员安全，其次是保护环境，避免污染，再次是防止设备损坏，最后是防止设备降低等级使用或功能丧失。例如，电路保险，当系统出现短路时断开，系统断电使正在工作的系统立即停止工作，以保证系统安全；当交通信号灯发生故障时，信号将转为红灯或黄灯闪烁，以避免发生交通事故，达到控制交通的目的；锅炉的缺水补水设计使得在阀瓣从阀杆上脱落的情况下也能保证锅炉正常进水，以达到锅炉的安全运行等。

6. 设置警告装置技术

设置警告装置是指通过设计视觉警告、听觉警告、嗅觉警告、触觉警告、味觉警告等装置向危险范围的人员通报危险、设备问题和其他值得注意的状态，促使有关人员采取纠正措施，避免事故发生。

9.2.3　减少事故损失的安全技术

只要存在危险，即使可能性很低，也可能发生事故，因此必须采取应急措施减少事故损失，具体措施包括以下几个方面。

1) 实物隔离法

实物隔离法除了可用于事故预防之外，还可用于减少事故损失，其目的是限制不希望事件的后果对邻近人员的伤害和对机器、设备、设施的损伤。常用的方法有距离隔离法、偏向装置法和遏制技术法等。

2) 人员防护装备

人员防护装备用于防止事故或不利环境对人员造成的伤害，其使用方式主要有三种：一是用于计划的危险性操作；二是用于调查和纠正；三是应急情况。

3) 能量缓冲装置

能量缓冲装置用于在事故发生后吸收部分能量，以保护相关人员和设备的安全。

4) 设置薄弱环节

设置薄弱环节的目的是在危险因素达到危险限度之前，使系统中积蓄的能量通过薄弱环节得到释放或使机器、设备、装置安全停运，以较小的代价避免重大事故的发生。

5) 逃逸和营救

逃逸和营救是指当事故发展到不可控制的程度时，采取措施逃离事故影响区域和救护受到危险威胁的人员，以减少事故造成的损失。

9.3　安全教育对策

由事故致因的瑟利模型知，要达到控制事故的目的，首先要通过各种手段感知到存在的危险，其次是要正确认知危险，最后是对危险采取正确的行动，这些有关人对信息的理解、认识和反应的部分需要通过安全教育的手段来实现。安全教育是预防和控制生产安全事故的重要手段之一。

安全教育是指通过学校教育、媒体宣传、政策导向、安全培训等形式努力提高人的安全意识和素质，并使人学会从安全的角度观察和理解所从事的活动和面临的形势，用安全的观点解释和处理自己遇到的新问题。

9.3.1　安全教育的内容

安全教育的内容包括安全思想教育、安全技术知识教育、典型经验和事故教训教育、现代安全管理知识教育等内容。

(1)安全思想教育，是指从思想意识方面对人员进行培养和教育，包括安全意识教育、安全生产方针教育和法纪法规教育等。

(2)安全技术知识教育，是指使人们掌握所从事活动的相关技术知识，包括一般生产技术知识教育、一般安全技术知识教育和专业安全技术教育等。

(3)典型经验和事故教训教育，是指通过学习典型经验使职工受到启发，对照先进找出差距，促进安全生产工作的进一步发展；通过事故教训使职工引以为戒，积极学习安全技术知识，努力提高安全技术水平。

(4)现代安全管理知识教育，是指通过各种形式使员工理解、掌握和应用安全学、安全科学原理、安全系统工程、安全人机工程、安全心理学、劳动心理学等现代安全管理知识，努力提高员工的安全生产素质。

(5)安全技能培训，是指通过各种实训、演练把职工掌握的安全技术知识转变成进行安全操作的本领，实现从"知道"到"会做"的过程。

9.3.2　安全教育的形式

根据安全教育的对象不同，安全教育可分为对各级管理人员的安全教育和对生产岗位职工的安全教育两大类。各级管理人员的安全教育包括厂长(经理)的安全教育，安全卫生管理人员的安全教育，职能部门、车间负责人、专业工程技术人员的安全教育。生产岗位职工的安全教育包括三级(厂级、车间级、班组级)安全教育、特种作业人员安全教育、经常性安全教育、"五新"作业(新技术、新工艺、新材料、使用新设备、试制新产品)安全教育、复工和调岗安全教育等。

安全教育的形式包括广告式、演讲式、会议讨论式、竞赛式、声像式、文艺演出式、学校正规教学、安全技能实训等形式。

9.4　安全管理对策

安全管理对策是指通过制定各项规章制度、奖惩条例，以及安全检查、安全审查、安全评价等工作方式，约束人的行为和自由，达到控制人的不安全行为、减少事故发生的目的。

1. 安全检查

安全检查是指根据企业的生产特点，对企业生产经营过程中的危险因素进行经常性、突击性或专业性的检查，它是安全生产管理工作的一项重要内容，是保持安全环境、矫正不安全操作、发现事故隐患、预防事故的一种重要手段。

按检查的性质不同，安全检查可分为经常性安全检查、安全生产大检查、专业性检查、季节性检查、特种检查、定期检查和不定期检查等。

经常性安全检查是企业进行的自我安全检查，其目的是对安全管理、安全技术和安全卫生等的情况做一般性了解，其内容包括企业管理人员进行的日常检查、生产领导人员进行的巡视检查、操作人员对本岗位设备、设施、工具的检查等。

安全生产大检查是上级主管部门或安全监督管理部门对企业安全生产情况进行的检查，这种检查一般是集中在一段时间，有目的、有计划、有组织地进行，其目的是了解企业的安全生产状况、发现企业安全生产中存在的问题，促进企业改进安全生产工作。

专业性检查是对特种作业、特种设备、特殊作业场所进行的安全检查，其目的是了解某个专业性安全问题的技术状况，促进企业改进相关领域的安全管理工作。

季节性检查是指根据季节变化的特点，为消除季节变化而产生的事故隐患所进行的检查。

特种检查是对采用的新技术、新设备、新工艺、新产品等进行的检查，其目的是发现新危险因素。

定期检查是指每隔一段时间进行的检查，不定期检查是没有固定间隔时间的检查。

无论进行哪种形式的检查，其目的都是了解和掌握安全生产状况，及时发现问题、及时进行整改；总结经验、吸取教训，推广和宣传先进经验和做法。

2. 安全审查

安全审查是指依据国家、行业、企业有关安全生产的法规、标准和规章制度，对工程项目的可行性研究、工程设计、工程竣工验收等进行检查和评价，其目的是发现工程系统存在的缺陷，以便根据系统安全的要求进行整改，确保工程系统达到相关的安全要求。

3. 安全评价

安全评价是指运用系统科学的方法辨识系统存在的危险因素,对危险因素进行定性和定量分析,将分析的结果与评价标准进行比较,得到评价结果,根据评价结果提出改进措施,达到系统安全的目的。安全评价包括确认危险性(辨识危险源、分析危险性)和评价危险性(控制危险源、评价采取措施后危险源的危险性是否可以被接受)两部分。

第10章　企业生产安全事故预警管理系统构建

10.1　生产安全事故预警管理系统的构建思路和原则

构建生产安全事故预警管理系统的主要目的在于根据预警对象的特点和客观实际情况，科学、合理地确定生产安全事故预警管理的内容、功能、运行模式、工作流程、管理程序，以便科学、有效地监测生产经营系统的安全状态，预测其发展变化趋势。因此，明确生产安全事故预警管理系统的构建思路和原则十分必要。

10.1.1　生产安全事故预警管理系统的构建思路

生产安全事故致因分析表明：诱发生产安全事故的因素可以划分为人、机、物、环境和管理五大类。生产安全事故的发生是人、机、物、环、管五大类因素相互作用的结果。因此，构建生产安全事故预警管理系统，应广泛吸收灾害学、事故学、系统安全理论的最新成果，并借鉴其他领域预警的经验和做法，采用先进预警技术、预警方法和预警手段，建立科学的预报、预控组织体系，对生产安全事故的诱因进行监测、诊断、警告，及时准确地反映生产经营系统的安全状态，提前采取措施预防、制止、纠正、规避生产经营系统中的风险和事故征兆，从而使生产经营活动始终处于安全、可靠和可控的状态。

生产安全事故预警管理以生产经营系统的运行状态为研究对象，它把生产经营系统的运行状态的演变看作是"优状态"(安全状态)和"非优状态"(危险状态)相互转化的动态过程，通过测度和分析生产经营系统运行状态的安全程度和变化趋势，并将测度和分析结

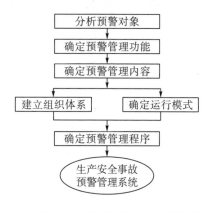

图 10-1　生产安全事故预警管理系统构建思路

果及时报告给相关部门和人员，以便及时采取预控措施，阻止生产经营系统的运行状态向"非优状态"演进，以便使生产经营系统的运行状态始终处于"优状态"或趋向"优状态"。基于上述认识，生产安全事故预警管理系统的构建应遵循如图 10-1 所示的构建思路。

10.1.2 生产安全事故预警管理系统的构建原则

生产安全事故预警管理系统的构建应当遵循以下原则。

1) 预防性原则

预防性原则是指应从预防生产安全事故发生的角度，审视生产安全事故预警系统的结构和功能。

2) 系统性原则

系统性原则是指所构建的生产安全事故预警管理系统应能综合考虑生产经营系统中的各种不安全因素，并能系统分析不安全因素的现状、发展、变化趋势及其相互作用和相互影响，科学判断生产经营系统的安全程度，据此制定具有针对性的预控对策和措施。

3) 指标化原则

指标化原则是指生产安全事故预警管理系统应能较为全面、准确地分析生产经营系统的安全状态特征，运用指标体系完整描述生产经营系统的安全状态，借助生产安全事故预警指标体系揭示生产经营系统安全状态的现状及其演变规律，为生产安全事故的识别、诊断、预控活动奠定基础。

为了准确、灵敏地反映生产经营系统的安全状态，生产安全事故预警指标的选择应满足定量化、完整性、客观性、融合性、可比较性等要求。

4) 动态性原则

动态性原则是指生产安全事故预警管理系统不是一成不变的，应随生产经营活动、发展阶段、内外环境的变化而适时加以调整，以适应安全管理面临的新情况、新问题。

5) 制度化原则

制度化原则是指为了有效地实现生产安全事故预警管理的目的——预防生产安全事故的发生、降低生产安全事故造成的危害，必须建立健全相应的预警管理制度。

6) 营救性原则

营救性原则是指面对可能发生的生产安全事故，要有对策和措施，以便在生产安全事故发生时，能沉着应对，最大限度地降低生产安全事故造成的危害。

10.2 生产安全事故预警管理系统的功能

生产安全事故预警管理系统不仅要指导企业及其相关部门保证与改善其常规管理职能，而且还要形成以警报为导向，以矫正为手段，以免疫为目的的防错、纠错新机制。因此，生产安全事故预警管理系统的主要功能包括以下几方面内容。

1)预警信息的收集与整理功能

生产安全事故预警管理系统必须建立在完备的信息基础之上,有了完备的信息资源,生产安全事故预警管理系统才可能通过综合分析,准确判断生产经营系统的安全状态;反之,生产安全事故预警管理系统就会变成无本之木、无源之水。因此,生产安全事故预警管理系统的首要功能就是要完成对生产安全事故致因信息的收集与整理,为准确评价生产经营系统的安全状态提供坚实的数据基础。

2)预测功能

生产安全事故预警管理系统应该能够根据安全事故致因因素的单项或综合评价指标随时间的变化规律,预测在未来一段时间内反映安全事故致因因素对安全状态影响程度的单项指标或综合指标的指标值,为企业的安全管理工作提供决策的依据。

3)诊断功能

生产安全事故预警管理系统不仅能够根据生产安全事故致因因素的现有信息诊断生产经营系统是否处在危险状态,而且还能根据生产安全事故致因因素对安全状态影响的预测,准确诊断出导致生产经营系统安全状况恶化的原因,以便采取有效措施对症下药,避免生产安全事故的真正发生。

4)警示功能

警示功能是指当存在发生生产安全事故的可能时,生产安全事故预警管理系统能预先发出警告,以提示决策者、相关部门和人员对存在的事故隐患做出及时、正确的处理,避免生产安全事故的发生,使生产经营系统处于有序(优)的状态。

5)矫正功能

矫正功能是指生产安全事故预警管理系统不仅能预防和控制生产安全事故征兆及其不良发展趋势,而且还有助于消除生产安全事故隐患。

6)免疫功能

免疫功能是指生产安全事故预警管理系统能对造成生产经营系统处在不安全状况的不同性质诱因进行预测、识别,并提出对策。

生产安全事故预警管理系统的功能结构如图 10-2 所示。

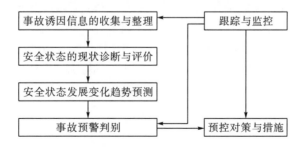

图 10-2　生产安全事故预警管理系统的功能结构

10.3　生产安全事故预警管理系统的结构

基于上述对生产安全事故管理预警系统的功能分析,本书构建的生产安全事故预警管理系统由预警分析系统(包括预警信息收集、预警信息管理、预测分析和预警报警 4 个子系统)和预控对策系统组成,如图 10-3 所示。

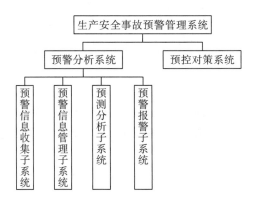

图 10-3　生产安全事故预警管理系统的组成

10.3.1　预警分析系统

1. 预警信息收集子系统

信息是生产安全事故预警管理的关键,应多方收集生产安全事故诱发因素涉及的人、物、环境和管理方面的相关信息。该系统要根据企业生产经营活动的特点和安全生产的发展变化规律,系统收集人的不安全行为、物的不安全状态、环境的不安全条件和因素、管理失误和漏洞等方面的信息,以及这些安全事故诱发因素间相互影响、相互作用方面的信息。

生产安全事故的四个诱发因素中,人的因素是主导,管理因素是关键,物的因素是根源,环境因素是条件,而起决定性作用的是管理因素,即管理因素直接决定着人的不安全行为、物的不安全状态和环境的不安全因素或条件。因此,在设计生产安全事故预警信息收集子系统时,可根据生产经营活动的特点,围绕人的因素、物的因素、环境的因素和管理的因素来构建,如图 10-4 所示。

图 10-4　预警信息收集子系统

2. 预警信息管理子系统

生产安全事故预警信息管理子系统的主要工作是对诱发事故的人、物、环境和管理方面的相关因素进行分析与评估，通过对生产安全事故诱发因素的分析研究，掌握生产经营系统安全状态的发展动态和趋势，以便在安全状态恶化时能够及时有效地采取措施，将生产安全事故消灭在萌芽状态。

为了更加明晰地表示生产安全事故预警管理信息的流动以及预警部门的运转模式，可以用图 10-5 来表示生产安全事故预警信息管理的流程。

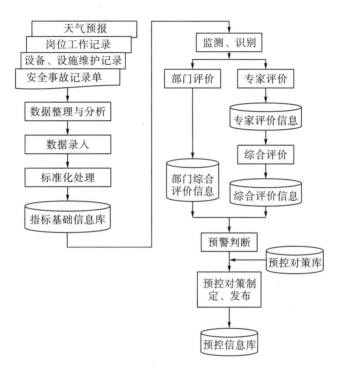

图 10-5　生产安全事故预警信息管理流程图

3. 预测分析子系统

预测分析子系统的主要工作是预测生产安全事故的诱发因素对生产经营系统运行状态的影响程度及其发展变化趋势，为安全生产管理部门和人员制定安全事故应对策略和措施提供科学决策的依据。其过程可分为：

第一步，分析和识别生产经营活动面临的各类安全事故诱发因素；

第二步，针对每一类安全事故诱发因素的特点及掌握的数据资料情况，选择合适预测方法，建立预测模型、检验模型，并对其进行预测；

第三步，在综合考虑安全事故的各类诱发因素预测结果的基础上，对生产经营系统的安全状态做出综合预测。

4. 预警报警子系统

预警报警子系统的主要工作包括预警和报警两个方面。预警包括建立生产安全事故预警评价指标体系、确定预警指标权重和预警等级标准、设定预警等级、计算预警指标值等内容；报警包括确定报警时间、报警对象和报警方式等内容。

10.3.2　预控对策系统

预控对策系统的作用是根据对生产经营系统安全状态的监测、诊断、预测和评价的结论，提出预防和控制生产安全事故发生的对策和措施。

1. 预控对策系统的运行过程

生产安全事故预控对策系统的运行过程如下：①通过预警信息收集子系统收集生产安全事故诱发因素的相关信息；②运用预警信息管理子系统对预警信息进行存储、整理、加工、甄别和推断；③运用预测分析子系统对生产安全事故的各种诱发因素的发展变化趋势进行预测；④运用预警报警子系统对生产经营系统的安全状态进行评价并做出是否发出预警警报以及发出何种警级的警报的决定；⑤根据发出的预警警级，从预控对策子系统调出相应的预控对策，并向安全生产管理部门和相关人员发出警报信号和方案对策。其具体过程如图 10-6 所示。

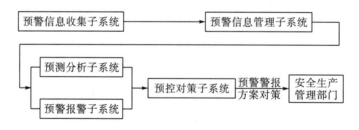

图 10-6　预控对策系统的运行过程

2. 预控处理措施

安全生产管理部门和相关人员接收到预警信息后，应迅速弄清预警信号的含义，根据预警信号的提示寻找引起危险的原因及根源，结合预控对策系统给出的预控对策提示和本单位的实际情况研究具体的应对危险的措施和方案，并尽快加以实施，以将安全事故消除在萌芽状态。

10.4　生产安全事故预警管理系统的工作内容

由生产安全事故预警管理系统的结构和功能知，生产安全事故预警管理系统的工作内容包括预警分析和预控对策两大部分内容，如图 10-7 所示。

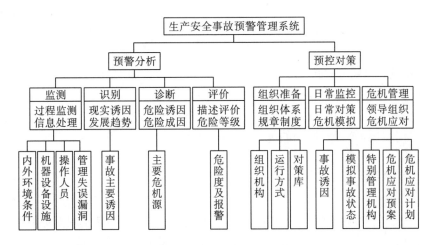

图 10-7　生产安全事故预警管理系统的工作内容

通过预警分析识别生产经营系统可能存在的危险，通过预控对策消除生产经营系统中存在的危险，从而达到预防和控制生产安全事故发生的目的。

10.4.1　预警分析

预警分析是指以生产安全事故的形成规律为基础，以现代科学技术和方法为手段，对生产安全事故征兆进行监测，对事故诱因进行识别和诊断，对生产经营系统的安全状态进行评价的管理活动。

1）监测

监测是预警活动的前提，监测的对象是生产安全事故的所有诱发因素，监测的任务包括两个方面：一是过程监测，二是信息处理。过程监测是对被监测对象及其技术条件、可能危害以及影响的关系进行全过程、全方位的监视和观测，同时收集各种事故征兆数据资料，并建立相应的数据库；信息处理是对大量的监测信息进行整理、分类、存储、传输，建立监测信息档案，并进行历史的和技术的比较分析。监测信息档案中的情报为整个生产安全事故预警管理系统所共享，是整个预警管理活动的基础。监测的主要手段是应用科学的监测指标体系实现监测活动的程序化、标准化和数据化，监测的重点是生产经营过程中可能导致事故的安全管理的薄弱环节和重要环节。

2）识别

识别是指通过对安全事故征兆信息的分析，运用评价指标体系识别生产经营活动的哪些环节已经发生、正在发生的事故征兆，并对事故征兆可能导致的连锁反应进行分析。

3）诊断

诊断是指对事故征兆指标所展示的危险性进行判断，找出事故诱发因素及其成因，并定量分析其相互影响关系和发生变化趋势，为预警评价提供依据。

4) 评价

评价是指在对事故征兆诊断的基础上,对事故征兆的严重性作出评判,以明确生产经营系统在这些事故征兆的冲击下,其运行状态处于何种安全状态,必要时发出相应的预警警报。

监测、识别、诊断与评价这四个预警分析环节,是前后承接的因果关系。监测是整个预警管理活动开展的基础,没有明确和准确的监测信息,整个预警管理活动就是盲目的;识别可使预警管理活动明确方向;诊断使预警管理活动抓住了工作的重点和要害,并做到追根求源;评价使预警管理活动的基本功能得以实现。

10.4.2　预控对策

预控对策是指在事故征兆诊断的基础上,对事故征兆及其不良发展变化趋势进行预防和控制的管理活动。它包括组织准备、日常监控和危机管理三个环节。

(1) 组织准备。组织准备是开展预警分析和对策行动的组织保障活动,它包括生产安全事故预警管理目标、相关制度、规章和标准的制定与实施,其目的是为预控对策活动和整个预警管理活动提供组织保障和条件。组织准备的基本任务包括:一是确定预警管理系统的组织构成、职能分配及运行方式;二是为生产经营系统在事故状态下的危机管理提供组织训练和对策准备,即建立对策库。

(2) 日常监控。日常监控是指对事故诊断活动所确定的主要事故征兆进行专门监视与控制的管理活动,其基本任务包括:①避防、纠正事故征兆,阻止其向不良趋势方向发展;②设想、模拟事故征兆可能演变为事故的状态,据此提出对策和措施,为事故危机管理作准备。

(3) 危机管理。危机管理是指当日常监控无法避防、纠正和阻止事故征兆演化为事故而造成灾难性事件时,通过成立危机领导小组、采取特别的危机计划、紧急救援等手段和措施控制事故规模、减轻事故损失,将危机状态恢复到安全状态的管理活动。

在整个预控对策任务执行过程中,组织准备是基础,日常监控是关键,危机管理是扩展。组织准备为日常监控和危机管理提供了组织和制度保障,没有全面的组织准备就不可能有效地执行日常监控活动和危机管理活动;没有有效的日常监控就不可能最大限度地预防生产安全事故的发生;危机管理是日常监控活动的扩展,是控制事故规模、减轻事故损失的有力保障。

10.4.3　预警分析与预控对策的关系

预警分析活动发生在预控对策活动之前,预警分析结果是制定和实施预控对策的依据;预警分析活动的对象是生产经营系统运行过程中的各种事故征兆及其成因,预控对策活动的对象是预警分析活动中已确认的事故征兆。预警分析是实施预警管理的前提和基础,预警对策是预警管理的目标,二者缺一不可,缺少任何一个生产安全事故预警管理的职能都不是完整的。

10.5　生产安全事故预警管理系统的运行模式

生产安全事故预警管理系统通过预警信息收集子系统收集诱发生产安全事故的数据和资料；通过预警信息处理子系统对预警信息进行整理、分类、加工、存储和传输；通过预测分析子系统和预警评价子系统对生产安全事故征兆的不良趋势进行监测、识别、诊断和评价；通过预控对策子系统制定预防生产安全事故发生和控制生产安全事故的规模与减轻生产安全事故损失的预控对策，预控对策的实施使生产经营系统从危险状态又重新回到安全状态，又继续通过预警信息收集子系统收集生产经营系统运行中诱发生产安全事故的数据和资料，开始新的生产安全事故预警管理周期。由此可见，生产安全事故预警管理系统的运行是一个由预警分析、预控对策、危机管理等环节构成的周而复始的循环过程，其运行模式如图 10-8 所示。

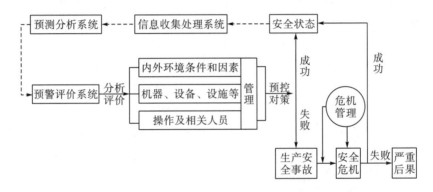

图 10-8　生产安全事故预警管理系统的运行模式

参 考 文 献

陈宝智. 1996. 危险源辨识、控制及评价[M]. 成都：四川科学技术出版社.

陈科荣. 2008. 建设工程施工重大危险源辨识与监控的若干要点[J]. 福建建筑，(2)：48-50.

陈婷，田水承，从常奎. 2008. 三类危险源作用机理及对策研究[J]. 陕西煤炭，(3)：29-31.

陈伟，付杰，熊付刚，等. 2016. 装配式建筑工程施工安全灰色聚类测评模型[J]. 中国安全科学学报，26(11)：70-75.

丁宝成. 2010. 煤矿安全预警模型及应用研究[D]. 阜新：辽宁工程技术大学.

丁玉兰，程国萍. 2013. 人因工程学[M]. 北京：北京理工大学出版社.

董继红. 2004. 重大危险源辨识与评价技术的研究[D]. 西安：西安建筑科技大学.

董锡明. 2014. 轨道交通安全风险管理[M]. 北京：中国铁道出版社.

方旭慧. 2012. 模板工程重大危险源辨识与控制[J]. 建筑安全，(8)：49-54.

冯治斌. 2003. 基于事故树分析法的矿井水灾安全评价[J]. 中州煤炭，(4)：43-44.

高进东，吴宗之，王广亮. 1999. 论我国重大危险源辨识标准[J]. 中国安全科学学报，9(6):1-5.

高扬，王向章，李晓旭. 2015. 基于事故/事件的民机人因防错设计关键因素研究[J]. 中国安全生产科学技术，11(12)：186-192.

高中华，龚润军. 2007. 重大危险源辨识标准修订的探讨[J]. 安全、健康和环境，(8):31.

郭建新，李江. 2012. 基于AHP-模糊综合评判的煤矿事故预警分级模型及应用[J]. 矿业研究与开发，32(3)：96-99.

郭晓鸣. 2013. 考虑灾害环境的电力系统事故预警[J]. 华东电力，41(3)：508-513.

国汉君. 2005. 关于煤矿事故致因理论的探讨[J]. 煤矿安全，36(11)：75-76.

虢舜. 1984. 防火防爆技术问答[M]. 北京：群众出版社：9.

何平. 1989. "系统非优理论"的现实源泉及应用展望[J]. 系统工程，7(2)：1-6.

何学秋，陈全君，聂百胜. 2006. 系统安全流变-突变规律研究新进展[J]. 应用基础与工程科学学报，14(5)：159-165.

何学秋. 1998. 安全科学基本理论规律研究[J]. 中国安全科学学报，8(2)：5-9.

何学秋. 2000. 安全工程学[M]. 徐州：中国矿业大学出版社.

何学秋. 2005. 事物安全演化过程的基本理论研究[J]. 中国安全生产科学技术，1(1)：5-10.

胡才修，陈忠宝. 2005. 安全生产管理培训教程(下)[M]. 沈阳：东北大学出版社.

胡冬红. 2010. 煤矿安全事故成因分析及预警管理研究[D]. 武汉：中国地质大学.

景国勋. 2014. 安全学原理[M]. 北京：国防工业出版社.

柯兰海. 2004. 对危险物质重大事故灾害的控制——欧盟《Seveso II 指令》介绍[J]. 国际石油经济，12(5)：39-40.

兰建义，乔美英，周英. 2015. 基于灰色系统理论的煤矿人因事故关键因素分析[J]. 中国安全生产科学技术，11(2)：178-185.

李春民，王云海，张兴凯. 2007. 矿山安全监测预警与综合管理信息系统[J]. 辽宁工程技术大学学报，(5)：655-657.

李聪，陈建宏，杨珊，等. 2013. 五元联系数在地铁施工风险综合评价中的应用[J]. 中国安全科学学报，23(10)：21-26.

李丹青. 2014. 基于环境影响的矿业系统安全态势预测研究[D]. 武汉：武汉科技大学.

李芳宇. 2013. 基于SVM的中国商业银行危机预警模型研究[D]. 大连：大连理工大学.

李峰. 2014. 文化产业与旅游产业的融合与创新发展研究[M]. 北京：中国环境科学出版社.

李建中,曾维鑫,李建华. 2009. 人机工程学[M]. 徐州:中国矿业大学出版社:171.

李剑峰. 2003. 旅游重大危险源辨识与控制[D]. 福州:福州大学.

李健行,夏登友,武旭鹏. 2014. 非常规突发灾害事故的演化机理与演变路径分析[J]. 安全与环境工程,21(6):166-170.

李润求,施式亮,彭新. 2008. 煤矿瓦斯爆炸事故演化的突变模型[J]. 中国安全科学学报,18(3):22-27.

李树刚. 2008. 安全科学原理[M]. 西安:西北工业大学出版社.

林大泽,韦爱勇. 2005. 职业安全卫生与健康[M]. 北京:地质出版社.

林香民,李剑峰. 2003. 重大危险源辨识的模糊性与分级控制管理[J]. 安全与环境学报,3(6):3-5.

刘骥,师立晨,孙猛,等. 2008. 《重大危险源辨识》标准修订研究[J]. 中国安全科学技术,4(4):9-12.

刘永成. 2010. 浅谈煤矿重大危险源辨识及其控制措施[J]. 山西焦煤科技,(1):48-49.

龙琼,胡列格,张谨帆,等. 2015. 基于尖点突变理论模型的交通事故检测[J]. 土木工程学报,48(9):112-116.

罗帆. 2004. 航空灾害成因机理与预警系统研究[D]. 武汉:武汉理工大学.

罗云. 2009. 风险分析与安全评价[M]. 北京:化学工业出版社.

骆吉庆,姚安,林周,等. 2016. Mamdani型模糊推理在海底油气管道风险评价中的应用[J]. 中国安全科学学报,26(8):74-79.

马尚权,何学秋. 1999. 煤矿事故中"安全流变-突变论"的研究[J]. 中国安全科学学报,9(5):6-8.

孟凡荣,赵芳. 2008. 煤矿安全预警系统体系构建[J]. 微计算机信息,(10):60-73.

牛强,周勇,王志晓,等. 2006. 基于自组织神经网络的煤矿安全预警系统[J]. 计算机工程与设计,(10):1752-1756.

潘婧,蒋军成. 2010. 灰色理论和熵权法在长输管道风险评价中的应用[J]. 安全与环境学报,10(5):201-203.

彭慧慧,李强强,马少非. 2014. 港口工程施工重大危险源辨识和控制研究[J]. 中国水运,14(6):165-168.

彭士涛,王晓丽,戴明新,等. 2012. 石油化工码头重大危险源辨识及评价研究[J]. 水道港口,33(3):241-244.

钱新明,陈宝智. 1995. 事故致因的突变模型[J]. 中国安全科学学报,5(2):1-4.

秦卿,丁志坚,韩齐云. 2007. 利用信息技术完善应急预警体系[J]. 中国安全生产科学技术,3(5):39-42.

任泰明,周晓康. 2011. 基于AFT模型的化工装备管理系统预警设计[J]. 工业仪表与自动化装置,(6):23-26.

余廉. 1999. 企业预警管理理论[M]. 石家庄:河北科学技术出版社.

苏磊. 2019. 基于深度数据挖掘的危险品运输事故关键影响因素及致因模型研究[D]. 青岛:青岛科技大学.

隋鹏程,陈宝智,隋旭. 2005. 安全原理[M]. 北京:化学工业出版社.

孙凯民,庞迎春. 2007. 杨庄煤矿水害监测预警系统研究及应用[J]. 煤炭技术,(10):75-76.

唐敏康,朱易春,刘辉. 2004. 金属矿山重大危险源辨识与控制[J]. 中国矿山工程,33(6):37-39.

唐晓清,段冰冰. 2003. 论反腐败惩防体系中的机制建设[J]. 学习论坛,(12):18.

田水承,李红霞,王莉. 2006. 3类危险源与煤矿事故预防[J]. 煤炭学报,31(6):706-710.

田水承,李红霞. 2005. 关于危险源及第三类危险源的几点浅见[A]//全国高校安全工程学术年会委员会. 安全科学理论与实践[C]. 北京:北京理工大学出版社.

王成武. 2006. 基于的城市重大危险源辨识与评价系统研究[D]. 西安:西安科技大学.

王洪德,石剑云,潘科. 2010. 安全管理与安全评价[M]. 北京:清华大学出版社.

王洪德,闫善郁. 2005. 基于RS-ANN的通风系统可靠性预警系统[J]. 中国安全科学学报,(5):51-56.

王慧,王保民. 2007. 危险化学品重大危险源辨识标准的探讨[J]. 安全、健康和环境,13(2):40-44.

王慧敏. 1998. ARCH预警系统的研究[J]. 预测,(4):55-56.

王杰,李广,朱晓东. 2008. 基于分层模糊推理的石油钻井事故预警系统[J]. 微计算机信息(管控一体化),24(7):177-184.

王敏. 2003. 思想政治教育接受论[M]. 武汉:湖北人民出版社:19.

王起全. 2010. 航空企业基于 SHEL 模型的神经网络安全评价研究[J]. 中国安全科学学报, 20(2): 46-53.

王书明, 何学秋, 王恩元. 2009. 基于"流变-突变"理论的安全投入决策[J]. 中国安全科学学报, 19(11): 46-51.

王章学. 2002. 重大责任事故调查与定罪量刑[M]. 北京: 群众出版社.

王志刚. 2018. 铁路信号电源事故原因分析[J]. 中国安全科学学报, 28(增刊1): 53-58.

吴兵, 张庆国. 2004. 事故致因突变理论在电气事故中的应用[J]. 煤炭科学技术, 32(9): 32-25.

吴俊杰. 2006. 钻井工程事故监测和预警方法研究[J]. 录井工程, 17(1): 53-55.

吴强, 秦宪礼, 张波. 2001. 煤矿安全技术与事故处理[M]. 徐州: 中国矿业大学出版社: 126.

吴穹, 许开立. 2002. 安全管理学[M]. 北京: 煤炭工业出版社.

吴宗之, 高进东, 魏利军. 2001. 危险评价方法及其应用[M]. 北京: 冶金工业出版社.

吴宗之, 高进东. 2001. 重大危险源辨识与控制[M]. 北京: 冶金工业出版社: 2-9.

吴宗之. 1995. 制定工国重大危险源辨识标准的探讨[J]. 劳动保护科学技术, 15(1): 16-19.

吴宗之. 1997. 重大危险源辩识、评价与控制[J]. 中国劳动科学, (8): 17-18.

夏英志, 张会远. 2007. 灰色系统理论在预测建筑安全事故发展趋势中的应用[J]. 科学技术与工程, 7(12): 2918-2919, 2922.

徐尚仲, 朱传杰, 高玉成, 等. 2007. 煤矿瓦斯爆炸重大危险源辨识与风险评价[J]. 煤矿安全, (2): 11-14.

许大中, 周家铭. 2003. 工业重大危险源辨识监控的探索与实践[A]//周光召. 全面建设小康社会: 中国科技工作者的历史责任
    ——中国科协 2003 年学术年会论文集(下)[C]. 北京: 中国科学技术出版社: 262-263.

杨文亮. 2012. 石油化工企业火灾、爆炸重大危险源辨识及评价[D]. 兰州: 兰州理工大学.

杨禹华, 钟震宇, 蔡康旭. 2007. 基于模糊模式识别的瓦斯含量指标异常预警技术[J]. 中国安全科学学报, (9): 172-176.

杨运良, 陈鼎, 程磊. 2008. 对矿井通风的预警系统研究[J]. 中国矿业, (11): 93-98.

杨振林, 王泽军. 2008. 特种设备重大危险源辨识标准的研究[J]. 起重运输机械, (9): 5-10.

余仰涛. 2000. 思想关系学——思想政治工作原理[M]. 武汉: 武汉测绘科技大学出版社: 226.

袁朋伟, 宋守信, 董晓庆. 2015. 员工不安全行为的尖点突变研究[J]. 安全与环境学报, 15(3): 165-169.

袁晓芳, 李红霞, 田水承. 2011. 突变理论在工业事故预警中的应用[J]. 西安科技大学学报, 31(4): 482-488.

湛孔星, 陈国华. 2010. 城域突发事故灾害发生机理探索[J]. 中国安全科学学报, 20(6): 3-8.

张安元. 2004. 煤矿井下重大危险源辨识与监控方法研究[D]. 青岛: 山东科技大学.

张甫仁, 景国勋, 顾志凡, 等. 2001. 论矿山重大危险源辨识、评价及控制[J]. 中国煤炭, 27(10): 41-42.

张国宝, 汪伟忠. 2017. 基于 DEMATEL 的铁路行车人因事故关键因素实证分析[J]. 安全与环境学报, 17(5): 1858-1862.

张宁, 盛武. 2019. 基于贝叶斯网络的煤矿瓦斯爆炸事故致因分析[J]. 工矿自动化, 45(7): 53-58.

张鹏. 2014. 门座式起重机重大危险源辨识与风险评估方法研究[D]. 武汉: 武汉工程大学.

张青松, 梅勇, 陈军. 2009. 控制管理失误在预防煤矿事故中的作用[J]. 煤矿安全, (2): 91-93.

赵林度, 程婷. 2008. 基于城市危机关键控制点的应急管理模式研究[J]. 安全与环学报, 8(5): 163-167.

郑霞忠, 谌巧玲, 陈述, 等. 2011. 基于粗糙集的水电工程施工安全评价方法[J]. 中国安全科学学报, 21(1): 82-86.

周蓉. 2008. 企业安全事故风险预警体系研究[D]. 武汉: 武汉理工大学.

佐藤吉信. 1981. 灾害的分析条件和手法(日)[J]. 安全, (2): 28-35.

Adams J A. 1982. Issues in human reliability [J]. The Journal of the Human Factors and Ergonomics Society, 24(1): 1-10.

Altman E I. 1968. Financial ratios discriminate analysis and prediction of corporate bankruptcy[J]. Journal of Finance, 23(4): 589-609.

Benner L. 1972. Safety, risk and regulation[C]. Transportation Research Forum Proceedings, Chicago, 13: 1.

Bird F E. 1974. Management Guide to Loss Control [M].Atlanta: Institute Press.

Dagnelie P.1962. Etude statistique d'une à Brachypodium ramosum. V. Les liaisons interspé cifique[J]. Deuxième Pocrtie, Serv. Carte Phytogéogr. Sér. B.,7: 149-160.

Farmer E, Chambers E G. 1939. A Psychological Study of Individual Differences in Accident Rates[M]. London: H. M. Stationery Off.

Fitzpatrick P J. 1932.A Comparison of Ratios of Successful Industrial Enterprises with Those of Failed Firms [M]. New York: Certified Public Accountant.

Greenword M, Woods H H.1919. The Incidence of Industrial Accidents Upon Individuals with Specific Reference to Multipiple Accidence [M]. London: Industrial Fatigue Research Board.

Heinrich H W. 1931. Industrial Accident Prevention [M]. New York: McGraw-Hill Inc.

Johnson W G. 1975. Mort: the management oversight and risk tree [J]. Journal of Safety Research, 5(2): 54-57.

Makridakis S, Wheelwright S C. 1977. Adaptive filtering: an intergrated autoregressive /moving average filtering for time series forecasting [J]. Operational Research Quarterly, (28): 425-437.

Newbold E M. 1927. Practical applications of the statistics of repeated events particularly to industrial accidents [J]. Journal of the Royal Statistical Society, 90 (3): 487-547.

Pielou E C. 1969. An Introduction to Mathematical Ecology [M]. New York: John Wiley Interscience.

Radcliffe-Brown A R. 1957. A Natural Science of Society[M]. Illinois: The Free Press and The Falcon's Willg Press: 28.

Surry J. 1969. Industrial accident research: a human engineering appraisal [D]. Toronto: University of Toronto.

Wigglesworth E C. 1972. A teaching model of injury causation and a guide for selecting countermeasures[J]. Occupational Psychology, 46(2): 69-78.

Yule G U. 1912. On the methods of measuring association between two attributes [J]. Roy. Statist. Soc., 75: 579-642.